Pequenas maravilhas

Idan Ben-Barak

Pequenas maravilhas

Como os micróbios governam o mundo

Tradução:
Diego Alfaro

ZAHAR

Para Tamar, por toda a vida.

Tradução autorizada da primeira edição australiana, publicada em 2008
por Scribe Publications, de Carlton North, Austrália

Grafia atualizada segundo o Acordo Ortográfico da Língua Portuguesa de 1990, que entrou em vigor no Brasil em 2009.

Título original
Small Wonders: How Microbes Rule our World

Capa
Bruna Benvegnù

Foto da capa
© Biodisc/Getty Images

Preparação
Alexandre Werneck

Revisão
Cláudia Ajuz
Tamara Sender

Projeto gráfico
Carolina Falcão

CIP-Brasil. Catalogação na fonte
Sindicato Nacional dos Editores de Livros, RJ

Ben-Barak, Idan

B393p Pequenas maravilhas: como os micróbios governam o mundo / Idan Ben--Barak; tradução de Diego Alfaro. — 1ª ed. — Rio de Janeiro: Zahar, 2010.

Tradução de: Small Wonders: How Microbes Rule our World.
ISBN 978-85-378-0231-1

1. Microbiologia — Obras populares. I. Título.

10-0866 CDD: 579
CDU: 579

EDITORA SCHWARCZ S.A.
Praça Floriano, 19, sala 3001 — Cinelândia
20031-050 — Rio de Janeiro — RJ
Telefone: (21) 3993-7510
www.companhiadasletras.com.br
www.blogdacompanhia.com.br
facebook.com/editorazahar
instagram.com/editorazahar
twitter.com/editorazahar

Sumário

E agora nos erguemos
E estamos em toda parte.

Nick Drake, *From the morning*

Prólogo

P: Alô, alô, alô, o que é tudo isto?

R: Um livro sobre micróbios.

P: Como é?

R: Micróbios. Microrganismos. Germes. Bichinhos. Coisinhas vivas muito pequenas.

P: Minha nossa, que horas são? Desculpe, tenho que correr...

R: Ah, não, nada disso... quer parar de se contorcer, faz favor? É um livro bem legal.

P: É tudo sobre ciência, não é? Com gráficos e coisa e tal?

R: Nenhum gráfico.

P: E diagramas?

R: Necas.

P: Equações?

R: Nada. Ah, desculpe, na verdade tem uma, sim. É 1 + 1. E eu errei a resposta.

P: Notas de rodapé?

R: Dúzias. Não consigo me livrar dessas desgraçadas. São como parasitas textuais, aparecem em todo canto. De um jeito ou de outro, não são do tipo tradicional. Você vai ver.

P: Mas tem algum número no livro?

R: Aqui e ali. Alguns um pouco maiores no final do Capítulo 1. Mas não se preocupe, são números bem-treinados.

P: Você disse que é um livro sobre germes?

R: Isso.

P: Eu vi um filme em que...

P: Espere, não me conte... A raça humana é praticamente destruída por um vírus geneticamente modificado que escapa do laboratório e mata todo mundo, ou os transforma em zumbis? Ainda estou para ver um filme no qual o vírus seja alto, valente, bonito e esperto, e fique com a garota no final. Isso seria bem divertido de ver. De qualquer forma, os dois cenários são igualmente realistas.

P: Mas o livro todo é sobre um monte de doenças horríveis?

R: De jeito nenhum. As doenças recebem uma menção honrosa, é claro, mas tentei deixar bastante espaço para outros temas importantes, como sexo, arrotos de ovelha, política, gosmas pegajosas, combustível de foguetes, genes, visões do futuro e computadores. E também, por algum motivo, sapos. Eles estão sempre lá embaixo — mais ou menos como as notas de rodapé.

P: Tem alguma boa dica de saúde aí dentro?

R: Uma ou duas. Mas mais se você for uma vaca.

P: Alguma informação útil que seja?

R: O mínimo possível. Há alguns maus conselhos sobre investimentos no Capítulo 3, se ajudar.

P: Então por que eu deveria ler esse livro?

R: Porque de outra forma, nunca saberá.

P: Certo. O que acontece agora?

R: Eu desamarro você, e começamos. Partimos de um dos fenômenos mais intrigantes, inexplicáveis e complexos com o qual a espécie humana já se deparou.

P: A origem da vida?

R: O golfe.*

---

* Originalmente, o autor, que vive e trabalha na Austrália, refere-se ao críquete. Mas como ele usa o esporte apenas como metáfora, utilizamos para isso o golfe, mais conhecido do leitor brasileiro, mas sem prejuízo do sentido didático original. (N.E.)

1. Bichinhos à mostra

Eis um fragmento da cobertura de uma partida de golfe jogada na Inglaterra, em dezembro de 2006: "Em uma jogada incrível, o campeão acertou um albatroz; seu adversário, no entanto, pareceu perder a concentração e fechou o buraco acima do par."

Lamento informar que não sei nada sobre golfe, portanto não saberia dizer se o que aconteceu foi bom ou ruim. Por que diabos o campeão resolveu acertar a pobre ave? O que ele tem contra os animais? Quem será o par de seu adversário, e por que terminaram um em cima do outro?

Não tem jeito. Se eu quiser apreciar o golfe, primeiro vou ter que me sentar com alguém que me explique o que está acontecendo. E o mesmo vale para praticamente qualquer outra atividade, de automóveis a mecânica quântica: se você quiser realmente compreender o assunto, vai ter que falar um pouco da língua e entender algumas das regras, caso contrário vai morrer de tédio, sem entender nada do que está acontecendo.

Entender um jargão não é nenhuma demonstração de inteligência ou habilidade; é só questão de se familiarizar com o assunto. Um exemplo: meu passatempo preferido em uma fila de supermercado é tentar desvendar o que querem dizer as manchetes dos tabloides, sem espiar o resto da reportagem.* Tudo bem, talvez não pareça algo que um Prêmio Nobel faria, mas pode ser

* Também estou secretamente à espera desta manchete: "Angelina Jolie busca amante baixinho, preferencialmente escritor científico, para se curar de desilusão amorosa."

bastante enigmático para quem não esteja acompanhando os últimos acontecimentos no mundo das celebridades.

A barreira do jargão é uma noção bastante simples, mas temos a tendência de esquecê-la. Profissionais de todo tipo utilizam uma terminologia especial que parece muito impressionante para quem é de fora, mas que geralmente não passa de uma maneira abreviada de dizer algo que poderia ser compreendido por todos, bastando para isso um pouco de tempo e um dicionário.

Quero lhe contar algumas histórias sobre micróbios. Mas estou com um problema: se eu entrar em explicações detalhadas e rigorosas sobre ideias e termos biológicos, gastaria muito tempo e muito papel, este livro se tornaria um livro acadêmico e eu acabaria perdendo o leitor. Por outro lado, se eu simplesmente começar a tagarelar sobre fatores sigma e RNAsi, você talvez decida me mandar passear.

Não quero transformar você em microbiologista. Ser microbiologista é uma coisa para a qual os microbiologistas é que foram mandados à Terra. Portanto, optei pelo caminho do meio: uma passada rápida por algumas das ideias básicas, nomes e princípios da biologia. E se você quiser saber mais, dê uma olhada na seção de Leituras Recomendadas no final do livro; caso você se perca no meio do caminho, não deixe de conferir o glossário.

Afinal, o que é um micróbio?

Quase todo mundo sabe de cor o ciclo da vida: as plantas captam a energia do Sol e nutrientes do solo; os animais comem as plantas e uns aos outros, e depois morrem; os micróbios decompõem os animais e plantas mortos, transformando-os em nutrientes; e então tudo recomeça.

Mas o que exatamente é um micróbio? Micróbio é um termo geral para qualquer criatura que seja, individualmente, pequena demais para ser vista a olho nu. Essa definição é muito antiga e muito imprecisa, portanto engloba muitas criaturas diferentes: bactérias (o grupo em que geralmente pensamos quando dizemos "germe"), arqueias (que se parecem superficialmente com as bactérias, mas que, como se descobriu recentemente, são bastante diferentes em muitos aspectos), fungos (das leveduras aos cogumelos) e protistas (este grupo inclui as algas primitivas, amebas, mixomicetos e protozoários). Os vírus também são micróbios, mas vamos deixar para depois a pergunta picante sobre se eles realmente são seres vivos ou não.

Esses grupos são tão diferentes uns dos outros quanto nós somos diferentes deles — geralmente até mais. Do ponto de vista de um micróbio, você é praticamente idêntico a, digamos, uma pulga, porque você e uma pulga compartilham muitos processos e estruturas que o micróbio desconhece. É por isso que um antibiótico mata bactérias mas não mata pessoas (nem pulgas): ele emperra um processo exclusivo das bactérias. É por isso também que os antibióticos não funcionam em vírus, que não são nem remotamente parecidos com as bactérias (o que significa que é inútil tomar penicilina quando estamos gripados). E também não funcionam em fungos, que possuem sua maneira particular de fazer as coisas; se quisermos lidar com eles, temos que desenvolver antifúngicos especiais.

Um micróbio é uma criatura formada por uma única célula. Você e a pulga são compostos de muitos tipos diferentes de unidades celulares, que se mantêm juntas e que dependem umas das outras para sobreviver: as cerebrais são inúteis sem as do fígado, e as dos músculos sem as células cardíacas, por exemplo. Uma única célula microbiana, no entanto, é uma criatura independente, que consegue sobreviver e se reproduzir sem a ajuda de outras células.*

Os micróbios também são bem pequenininhos. Em média, uma célula de *Escherichia coli* (*E. coli*) tem cerca de 2 micrômetros de comprimento, ou seja, seriam necessárias cerca de 50 mil células alinhadas (e um bom trabalho de persuasão) para que elas circundassem o seu dedo mindinho.** Um vírus típico é de 10 a mil vezes menor que isso, o que significa, proporcionalmente, que se um vírus tivesse o tamanho de uma bola de tênis, você seria grande o suficiente para deitar com os pés em Melbourne, no Sul da Austrália, e colocar a cabeça apoiada na Ópera de Sydney, a principal cidade do país.

Ainda temos muito a aprender sobre os micróbios: saber o quanto são prevalentes, a que ponto estamos envolvidos com eles e de que maneira a manutenção da vida na Terra depende dessas criaturas.

Vou tentar não ficar insistindo demais no quanto deveríamos ser gratos a essas criaturinhas por nossa sobrevivência. Bem, por que deveríamos? Não é como se eles estivessem fazendo isso tudo graças à bondade de seu coração, coisa que eles nem têm. E para fazer justiça, também vou tentar minimizar qualquer preocupação desnecessária com doenças e morte. Não

---

* Na verdade, não é tão simples. Mais adiante vamos ver que a trama fica mais complexa, mas este é um bom ponto de partida.

** 1 metro = 1 milhão de micrômetros.

vou hesitar em me aprofundar em algumas histórias bastante repulsivas (em alguns casos, você desejaria encarecidamente que fossem histórias de ficção), mas acho que as numerosas interações nocivas entre micróbios e humanos já receberam atenção suficiente. Ainda assim, se você for do tipo que se delicia particularmente com histórias horripilantes, dirija-se à seção de Leituras Recomendadas, onde encontrará alguns livros excelentes com esse tipo de narrativa.

Você ainda está aí deitado entre Melbourne e Sydney? Hora de levantar. Precisamos dar um pequeno salto ao passado para examinar a constituição básica de todos os seres vivos, inclusive os micróbios.

O que você desejaria não ter aprendido sobre o DNA

A vida na Terra começou muitos bilhões de anos atrás. Não sabemos exatamente como, mas o mais aceito atualmente é que tudo começou com uma molécula flutuando no oceano.* Havia muitos tipos de moléculas flutuando por aí, mas essa foi a primeira a apresentar uma qualidade especial: era capaz de coletar material de seu entorno e utilizá-lo para fazer uma cópia de si mesma. Essa cópia poderia, então, fazer outras cópias, e assim por diante. Em pouco tempo havia muitas dessas cópias pelo lugar, copiando mais e mais. Como não eram co-

---

* Molécula: um grupo de dois ou mais átomos mantidos em uma configuração estável por ligações químicas. Essa definição desperta as perguntas "O que são ligações químicas?" e "O que é um átomo?", o que nos leva aos prótons, elétrons e nêutrons, depois às forças eletromagnéticas, depois aos quarks... onde terminaria a explicação?

piadoras perfeitas, às vezes surgiam variações em uma nova cópia. E se ocorresse uma mudança aleatória que fizesse com que a molécula passasse a copiar a si mesma de maneira mais veloz ou eficiente, suas cópias se espalhariam mais rápido que as demais.*

Não sabemos como eram essas copiadoras originais, mas parece razoável apostar que seriam semelhantes a um tipo de molécula que chamamos de ácido ribonucleico (RNA). Esta, juntamente com outra molécula muito parecida chamada ácido desoxirribonucleico (DNA), é responsável por praticamente tudo que chamamos de "seres vivos".**

DNA, DNA... ouvimos tanto falar dele: sua famosa estrutura em dupla hélice se tornou um tema de design bastante familiar, e atualmente seu nome é lançado em qualquer conversa cotidiana. Então, por que tanto alarde?

Simplesmente porque o DNA é a pedra fundamental de tudo o que é vivo: todos os organismos são formados por uma ou muitas células, e toda célula contém moléculas de DNA, que correspondem ao depósito de informações da célula. Caso você esteja se perguntando, o DNA puro se parece com uma meleca branca e fosca. Você talvez tivesse imaginado que esse material maravilhoso deveria ser algum tipo de filamento dourado e brilhante, mas a natureza não está nem aí para nossas suscetibilidades estéticas.

---

* A origem da vida se tornou atualmente uma questão política contestada acaloradamente; vários grupos afirmam que isso não teria possibilidade de ocorrer e que certamente alguma outra entidade esteve envolvida no acontecimento: a lista de principais suspeitos inclui a CIA, o Greenpeace e a Maçonaria.

** Com exceção dos príons, dos quais falarei no Capítulo 8.

Quando nos referimos ao DNA, geralmente falamos de sua sequência. Assim como o código básico de um programa de computador é formado por uma série de zeros e uns, uma molécula de DNA codifica informações usando um código genético formado por uma série de quatro bases possíveis: A, T, G e C (adenina, timina, guanina e citosina). Uma sequência de DNA é mais ou menos assim, quando escrita no papel: ...ATTTG-CAGTTTACCCGTG... Para nós, isso é tão sem sentido quanto um código binário 00010101000100, mas os mecanismos celulares sabem como ler essas informações.

O total de informações genéticas codificadas nessas sequências é chamado genoma. É importante entender que existem muitos tipos de informações diferentes em um genoma. Há trechos que dizem a outros trechos como e quando funcionar, trechos que apontam para outros trechos, e trechos cuja função ainda não conhecemos, se é que têm alguma. Os grupamentos mais evidentes, no entanto, são chamados genes.

Gene: outra palavra popular que é lançada em qualquer situação. Por sorte, atualmente encontramos muito menos ideias equivocadas sobre os genes na mídia (por exemplo, a noção de que podemos ter "um gene para" características complexas como agressividade, depressão ou noção de moda), mas ainda assim restam muitos criativos mal-entendidos sobre o conceito. Parte do problema é que até mesmo os biólogos têm definições divergentes para o termo. Entre as mais populares estão a definição "uma unidade hereditária", que é útil para estudos evolutivos teóricos, e a explicação mais prática, preferida pelos que trabalham em laboratórios, "uma sequência de DNA responsável por criar um produto funcional". Nenhuma definição é a correta, pois o termo foi cunhado no século XIX por pessoas que não sabiam, e não poderiam saber, o que era o DNA ou como ele funcionava. Sessenta anos mais tarde, o conceito teórico se tornou de súbito uma realidade física — algo que podia ser efetivamente visto e tocado (caso você goste de mexer em gosmas, é claro).

Portanto, um micróbio é uma única célula, a célula contém genomas, e os genomas são feitos de genes (e umas outras coisinhas). Passemos agora à parte pela qual todos estavam esperando: a reprodução.

O DNA é armazenado na célula na forma de duas fitas complementares. Isso permite que a célula crie duas cópias de seu genoma ao se dividir, de modo que cada nova cópia da célula (a "célula filha") possua uma cópia completa das informações de que precisa para funcionar.

Em uma bactéria ou uma arqueia, a maior parte do DNA está contido em uma molécula circular chamada cromossomo. Em fungos, protistas e na maioria dos organismos multicelulares, encontramos mais de um cromossomo. Uma célula humana tem 23 tipos diferentes de cromossomos, com duas cópias de cada tipo, porque os humanos se reproduzem sexualmente, e a reprodução sexuada trata de dar ao filho uma cópia de cada tipo de cromossomo de cada um dos pais. Os micróbios, por outro lado, se reproduzem assexuadamente: a célula microbiana faz uma cópia de seu genoma, divide-se em dois (de modo que cada metade receba uma cópia inteira), e as duas metades começam a crescer novamente. Ciclo terminado. Não é preciso discutir com qual dos pais a criança é mais parecida, ou com o nariz de qual dos dois ela ficou.

A música dos genes

Os genes, por si sós, não *fazem* nada; na verdade, eles são apenas instruções para que certas coisas sejam feitas. Um genoma flutua sozinho por aí, à toa, até que outro componente da célula (uma enzima chamada RNA polimerase) o agarre e "leia" um certo gene de sua sequência, passando por cima desse trecho específico de DNA e produzindo uma cópia (ou, em alguns casos, múltiplas cópias), ou transcrição, desse gene. É mais ou menos o que aconteceria se você pegasse um longo manual de instruções e fizesse uma fotocópia de uma só página, que é relevante para o produto específico no qual você está mexendo; se você precisasse distribuir essa página a muitos funcionários, talvez fizesse múltiplas cópias.

Depois disso, um elaborado aparelho chamado ribossomo utiliza o RNA transcrito para criar outro tipo de molécula: uma proteína.* Que proteína? Depende do gene que foi lido.

As proteínas são uma categoria muito ampla de moléculas. Há inúmeros tipos de proteínas, e elas realizam uma variedade imensa de atividades. Se uma célula fosse uma casa a ser construída, as proteínas seriam ao mesmo tempo as ferramentas, os artesãos e os materiais de construção.

Os "materiais de construção" são chamados proteínas estruturais (alguns bons exemplos dessas proteínas são as fibras de actina e tubulina, que impedem nossas células de colapsarem sobre si mesmas; e a queratina, que forma nosso cabelo

---

* Esta é uma descrição ridiculamente curta de um processo que um estudante só consegue memorizar depois de muitas noites regadas a cafeína, e que os cientistas levaram décadas para desvendar.

e nossas unhas), e os "artesãos e ferramentas" são chamados enzimas. Toda enzima é capaz de executar uma atividade particular: elas se ligam a uma molécula-alvo específica — um substrato — e então atuam sobre ela de alguma maneira, seja cortando-a, unindo-a ou a modificando.* Quer digerir comida? Enzimas. Mexer um músculo? Enzimas. Pensar? Enzimas.

Outra categoria de proteínas transporta coisas por aí. Elas se agarram a uma molécula-alvo e então a movem de um lugar a outro (proteínas de transporte) ou simplesmente sinalizam à célula que apanharam e identificaram uma molécula em particular (receptores).

As proteínas também podem atuar como os próprios sinais — os hormônios (por exemplo, a insulina) são uma classe bastante conhecida de proteínas sinalizadoras.**

Neste ponto, é muito importante enfatizar que uma célula não se dedica simplesmente a ler todo seu genoma do início ao fim e a produzir todas as proteínas codificadas pelos genes. Quase todas as células de nosso corpo possuem um conjunto completo de genes, mas não os utilizam por inteiro. As células da pele não produzem enzimas hepáticas, e as células hepáticas não tentam se contrair como os músculos. Existem mecanismos reguladores muito elegantes organizados de modo a assegurar que cada célula expresse somente as proteínas necessárias, e somente a quantidade correta de cada uma delas. Se todas as proteínas fossem expressadas de uma só vez, produziria um amontoado caótico — como o barulho ininteligível

---

* Substrato: qualquer material sobre o qual uma enzima atue.

** Muitos hormônios, porém, como a adrenalina ou a testosterona, não são proteínas.

que criamos (no lugar de música) quando apertamos todas as teclas do piano simultaneamente.

Você se lembra do fato científico, citado com frequência, segundo o qual os humanos compartilham 98% de seus genes com os chimpanzés? Ainda que isso pareça sugerir que as duas espécies são muito parecidas, não é bem assim. É verdade, compartilhamos muitas informações genéticas com nossos primos símios, mas elas são lidas e usadas de maneiras muito diferentes (vêm-me à mente, por exemplo, os pelos corporais). Como de costume, o que realmente importa não é o que temos, e sim o que fazemos com isso.

As células microbianas funcionam basicamente da mesma maneira. Por serem organismos unicelulares e fazerem tudo por conta própria, os micróbios utilizam uma porção bastante extensa de seu genoma — mas não todo de uma só vez. Eles são capazes de sentir o ambiente que os cerca e reagir a ele, produzir enzimas que digerem um nutriente específico quando esse nutriente está por perto e passar a produzir outras enzimas caso haja outros nutrientes, melhores, a serem consumidos. Se estiver quente, o micróbio produz proteínas que o ajudam a suportar o calor (mas, lamentavelmente, eles não se parecem com minúsculos ventiladores elétricos) e que podem ser desmontadas e recicladas quando o tempo refrescar novamente.

Se combinarmos tudo isso, podemos visualizar a imagem de uma célula viva: temos um genoma (uma molécula de DNA muito longa) que é manipulado por proteínas reguladoras e pela RNA polimerase para produzir sequências mais curtas de RNA. Essas sequências vão até os ribossomos, que geram então todo tipo de proteínas. Ao redor do genoma ocorrem milhares de processos — as enzimas atuam sobre seus substratos, as proteínas movem materiais de um lugar a outro e há coisas sendo constantemente construídas, quebradas, substituídas e modificadas. Se você vislumbrar uma fábrica que ocasionalmente se duplica, acelerar o processo em 10 mil vezes e reduzir a escala de tamanho cerca de 100 milhões de vezes, conseguirá captar a ideia geral.

Toda essa atividade está contida no interior de uma membrana celular, que separa o lado "de dentro" do lado "de fora".* Na superfície da membrana (e dentro dela), há proteínas receptoras e de transporte, que são os contatos da célula com o ambiente externo: essas proteínas sentem o ambiente, reagem a ele e transportam substâncias para um lado e outro da membrana.

Nos seres humanos, esse ambiente é composto principalmente pelas células vizinhas: como falei antes, uma célula humana é uma máquina dentro de uma máquina — ela só é capaz de sobreviver e funcionar como um componente de uma estrutura muito maior.

O ambiente de um micróbio, por outro lado, pode conter seus irmãos (leia-se: concorrentes), outras espécies de micróbios (leia-se: concorrentes) e coisas que comem micróbios (leia-se: problemas). Certas condições físicas importantes — temperatura, salinidade, fontes de energia, composição química do ambiente — também afetam o micróbio a cada segundo de sua vida. Um que esteja tentando estabelecer moradia em um pulmão humano, por exemplo, terá de lidar com o sistema imune,

* É interessante observar que, segundo certas teorias bastante convincentes, a formação da membrana, e não a replicação de moléculas, foi a etapa crucial na origem da vida.

que tentará constantemente se livrar dele, enquanto outro em uma poça de lama, ou no alto de uma árvore, terá um conjunto bastante diferente de problemas.

Reproduzir. Repetir. Repetir.

Agora já sabemos o que é um micróbio, conhecemos sua aparência e aprendemos um pouco sobre seu funcionamento. Mas, o que um micróbio *faz*?

Basicamente, ele se multiplica. Uma célula microbiana é um objeto que se preocupa essencialmente em conseguir energia e materiais suficientes para se duplicar repetidamente. Ela não faz isso porque quer (os micróbios não têm cérebros com os quais possam querer coisas), e sim porque esse é o princípio básico da evolução — se algo tende a se reproduzir com eficácia, irá se disseminar. Caso contrário, seu número definharia rumo à não existência, de modo que, no fim das contas, já não encontramos micróbios que não sejam bons multiplicadores.

Portanto, os micróbios que tenham desenvolvido aleatoriamente algo que os ajude a sobreviver e se multiplicar em seu ambiente acabarão (de maneira não aleatória) por subjugar numericamente os demais. Ao menos isso é o que diz a teoria clássica; mais adiante, porém, lhe apresentarei a alguns micróbios que também desenvolveram truques e atalhos para acelerar e otimizar sua evolução.

No outro lado da corrida, alguns micróbios efetivamente perdem alguma coisa para obter uma vantagem, em vez de desenvolver algo novo. Como um profissional de qualquer estilo de corrida poderá confirmar, é absolutamente crucial deixar a máquina o mais enxuta possível para ganhar uma vantagem competitiva, porque — e este princípio é tão importante na biologia quanto em qualquer outra área — tudo tem seu preço. Se um micróbio perdeu um sistema desnecessário, não precisará mais alocar tempo, material e energia na manutenção desse sistema, podendo investir mais recursos na reprodução. Esse micróbio está um passo à frente na corrida perpétua. Às vezes, um sistema ou característica em particular não é necessário para a sobrevivência de um micróbio. Por exemplo, a capacidade de suportar o calor intenso é inútil em um ambiente frio. Portanto, após algum tempo, a maior parte dos micróbios em uma área de baixa temperatura serão os filhos do primeiro micróbio a ter perdido essa capacidade.

É claro que nem todos os ambientes são iguais. Depois do surgimento das primeiras células, o processo natural de otimização fez com que, se você visse o mesmo tipo de micróbio em dois ambientes distintos, com o tempo os dois grupos se desenvolveriam de maneiras radicalmente diferentes.* Os micróbios que viveram em lugares quentes, por exemplo, aprenderam a lidar cada vez melhor com temperaturas elevadas, podendo assim se aventurar rumo a ambientes ainda mais quentes. Por que eles se adaptariam dessa forma? Pela recompensa: um micróbio capaz de avançar sobre um novo território fica com esse lugar só para si. E não estamos falando apenas do território físico: se um microrganismo evoluir de modo a ser capaz de utilizar para seu benefício algo que está presente no ambiente (digamos, um recurso alimentar), ele se verá de súbito em uma

* Isso se você existisse alguns bilhões de anos atrás e tivesse paciência para ficar à toa na lama fervente por anos e anos.

situação muito mais vantajosa e conseguirá se reproduzir mais rápido que todo o resto.

E pode acreditar que eles se reproduzem: em boas condições, uma célula de *E. coli* consegue se transformar em duas após 20 minutos. Multiplique esse processo por um monte, espere alguns bilhões de anos e você terá o que vemos hoje: micróbios de todos os tipos, em toda parte, nadando em cada gota de água e se agarrando a qualquer superfície.

FAIXA BÔNUS Nº 1: Fazendo as contas

Eis aqui uns números bem interessantes sobre micróbios, pensados especialmente para deixar você embasbacado:

- Número de micróbios em uma colher de chá de terra: cerca de um trilhão.
- Número de espécies de micróbios nessa colher de chá de terra: cerca de 10 mil.
- Número total de espécies de micróbios: ninguém sabe; a melhor estimativa é de algo em torno de alguns bilhões.
- Número de micróbios por centímetro quadrado de pele humana: mais de 100 mil.
- Razão entre células microbianas e células humanas em nosso corpo: dez para uma.

- Peso total dos micróbios em um corpo humano saudável: 1kg a 2kg.

- Número de vezes que uma célula de *E. coli* consegue se reproduzir em um dia: 72.

- Momento em que os primeiros micróbios surgiram na Terra: 3,8 bilhões de anos atrás.

- Período durante o qual tiveram este lugar só para eles: cerca de 3 bilhões de anos.

- Momento em que a raça humana notou pela primeira vez a existência dos micróbios: século XVII.

- Momento em que a raça humana começou a perceber que os micróbios causavam doenças: final do século XIX.

Estes números não levam em consideração os vírus; se o fizessem, os valores subiriam em algumas ordens de grandeza.

2. Bichinhos no mapa

Sempre quis que os micróbios tivessem nomes mais divertidos. Onde estão o aiai, o ocapi, o sapo-veneno-de-flecha, os moluscos turbo e o *bandicoot* do mundo microbiano? O micróbio com o nome mais bacana que conheço é o *Actinomyces funkei*. Tudo bem, a *Dokdonella fugitiva* tem um ar sombrio e misterioso, e temos que elogiar o *Aeromonas popofii* por sua airosa jovialidade; mas os nomes de micróbios geralmente são longos, em latim, descritivos e, para o leigo, obscuros (daí o *Geodermatophilus obscurus* ganhar nota máxima em todos esses quesitos). A única feição redentora dos nomes de micróbios são as localidades exóticas às quais muitas vezes se referem: *Erwinia tasmaniensis*, *Desulfomicrobium norvegicum*, *Klebsiella singaporensis*, *Desulfovibrio mexicanus*, o candidato local *Actinoplanes brasiliensis* e o extremamente específico *Dyadobacter beijingensis* são apenas uns poucos exemplos dessa categoria.

O nome de um micróbio geralmente assinala o lugar em que essa espécie em particular foi descoberta. O temido vírus Ebola, por exemplo, foi batizado assim graças ao vale próximo ao local onde ocorreu o primeiro surto da doença. A localização geográfica, no entanto, dificilmente chega a ser a característica mais interessante dos lugares nos quais encontramos os micróbios em si. Esses organismos são especialistas em sobreviver em ambientes incomuns, até mesmo extremos, geralmente agressivos demais para outras formas de vida.

Para encontrarmos alguns desses micróbios, temos que viajar até os confins da Terra; mas antes de fazê-lo, vamos dar um pulo em um local um pouco menos cativante, onde poderemos encontrar um micróbio que tem sido cultivado aos bilhões — e descobrir por quê.

O rei do laboratório

Permita que lhe apresente o *E. coli*, humilde morador do nosso intestino, cultivado e estudado incessantemente em inúmeros laboratórios de todo o mundo e causador de odores nauseantes em banheiros de toda parte.

Naturalmente, não existe algo que se possa chamar de micróbio típico, assim como não há um ser humano típico (a não ser que decidamos aglomerar certas estatísticas, o que nos levará a descobrir que esse ser humano é um fazendeiro de Tóquio de 28 anos de idade chamado Mohammed Zhang); mas o *E. coli* é um bom começo e nos dará uma base de comparação para os exemplos mais extremos da *microbidade*.

O *E. coli* pertence à família de bactérias chamada *Enterobacteriaceae.* Pesando um milionésimo de milionésimo de grama, ele tem adoráveis 2 micrômetros de comprimento e cerca de 0,8 micrômetro de diâmetro, o que lhe dá a forma vistosa e elegante de um bastão — não muito diferente de uma cápsula de remédio pequena e agitadiça. Seus hobbies são nadar por aí e se reproduzir. Geralmente é encontrado no intestino de mamíferos (um lar que divide com muitas outras espécies de microrganismos), mas já foi visto em vários outros lugares, normalmente por ter sido excretado do intestino para a água.

Como corresponde a seu lugar no mundo, ele prefere as condições encontradas em seu habitat original: úmidas, a 37°C, alcalinas e ricas em nutrientes dos quais se alimenta e que, ao mesmo tempo, auxilia nosso sistema digestivo a processar e absorver.

À primeira vista, ele não tem nada de especial, nada que devesse lhe valer tanta atenção. Tudo bem, o *E. Coli* está em contato próximo com os seres humanos e auxilia seu sistema digestivo, mas raramente causa algum problema (umas de suas poucas linhagens se tornaram problemáticas, como o moderadamente temido O157:H7, mas elas constituem uma pequena minoria) e não tem nenhuma característica particularmente cativante. Ainda assim, os biólogos de toda parte o cultivam, estudam e cutucam constantemente. Por quê? O que ele tem de tão especial?

A resposta está na conveniência — o *E. coli* é a ferramenta de laboratório perfeita. Várias propriedades fazem com que gostemos tanto dele:

Em primeiro lugar, podemos cultivá-lo rapidamente e com baixo custo. É possível deixar uma única célula bacteriana crescendo durante a noite em um béquer, aquele típico copo de laboratório, que é colocado em uma incubadora; na manhã seguinte, haverá bilhões de cópias idênticas rodopiando ali dentro, e poderemos estudá-las como acharmos melhor.

Em segundo lugar, podemos armazená-lo praticamente para sempre em um congelador, depois derretê-lo e continuar a usá-lo como se nada houvesse acontecido. Tente fazer isso com um rato de laboratório.*

* Por favor, não tente.

Em terceiro, é um organismo bastante complacente: aceita DNA externo sem muita dificuldade. Se você tiver um gene que deseja estudar — tanto faz se é bacteriano, humano ou de qualquer outro tipo —, poderá inserir uma única molécula dele em uma célula de *E. coli*, colocar o micróbio em um béquer com uma sopa de nutrientes (estou pulando alguns detalhes técnicos, veja bem) e, dentro de poucas horas, terá um recipiente cheio de bactérias contendo o gene desejado, com o qual poderá então trabalhar. O que temos em mãos é, na verdade, uma máquina geradora de DNA muito prática e feita sob medida. E, o que é ainda melhor, com uma manipulação ligeiramente diferente, o *E. coli* passará a produzir grandes quantidades de uma proteína desejada a partir do gene que nele colocamos. No Capítulo 6, você conhecerá indústrias inteiras baseadas nessa capacidade.

Em quarto e último lugar, nunca se veem grandes protestos contra a crueldade com os micróbios. Bilhões dessas criaturas são assassinadas diariamente, mas ainda estou para ouvir falar de uma manifestação pedindo o fim dessa prática. Talvez seja pelo fato de que o *E. coli* não é tecnicamente um animal; ou então, presume-se que, como a célula do *E. coli* não possui um sistema nervoso, não pode sentir dor nem sofrimento (o que pode ou não ser verdade, ou relevante para a discussão ética); ou então, a causa pode estar no simples fato de que até mesmo o mais ferrenho ativista pelos direitos dos animais joga milhões deles pela privada diariamente. Desconfio que o motivo mais importante seja que o *E. coli* não reclama nem emite nenhum som de sofrimento quando é maltratado, muito menos se contorce de angústia (visivelmente, ao menos, já que não pode ser visto a olho nu) e, de qualquer forma, não é meigo nem fofinho.*

Há muito mais a ser dito sobre o *E. coli*. Entretanto, o laboratório não é o único lugar onde podemos encontrar micróbios.

Sinta o calor

Eis um experimento que você não deve tentar fazer em casa.

Feche o seu quarto hermeticamente, encha-o até, digamos, a altura do pescoço de água fervendo e fique sentado ali dentro por algumas horas.

Pois bem, existem vários bons motivos para não tentar isso em casa: você morrerá gritando de agonia, um familiar seu vai me processar até arrancar meu último tostão, e alguém terá que limpar a bagunça no final.

Mas se você *tivesse* tentado (o que não deveria ter feito, repito, para que meu consultor jurídico finalmente pare de choramingar), teria experimentado o que, para um micróbio em particular, seria um ambiente ligeiramente refrescante.

Frequentemente encontramos criaturas estranhas em lugares estranhos. Se você ler um pouco da história da microbiologia, encontrará muitos casos em que foi dito que "é impossível existir vida *nesse* lugar" — por isso passou tanto tempo até que alguém fosse até lá e desse uma boa olhada. No caso em questão, dar uma olhada também teria sido algo bastante problemático: este micróbio em particular vive em lugares muito inacessíveis

* As questões éticas merecem uma abordagem mais séria, é claro, mas isso está além do escopo deste livro.

chamados "fumarolas negras" (*black smokers*), tipos dos acidentes geográficos chamados de "fontes hidrotermais", chaminés naturais altas (de até 8m ou 9m de altura) que surgem do fundo do oceano e cospem na água um magma hiperaquecido, vindo de baixo da crosta terrestre. Estamos falando de temperaturas de até 400°C.

"Mas a água não ferve a 100°C ou algo assim?", ouço você perguntar. Na sua cozinha, sim; mas a 2km abaixo do nível do mar, a pressão da água é tão forte que a água quente continua líquida. Formam-se círculos concêntricos ao redor da chaminé, e as temperaturas mais quentes ocorrem perto do buraco. Como a água fria do oceano cerca o buraco por todos os lados, formam-se zonas circulares cada vez mais frias a seu redor: a zona mais próxima da chaminé é absurdamente quente, a zona em torno é um pouquinho mais fria (falando muito relativamente) e assim por diante, até a zona mais externa, que está à temperatura da água do oceano (próxima de zero). "Os sete círculos do inferno" não é uma descrição muito precisa, mas dá para ter uma ideia.

Se é como o inferno, deveríamos esperar encontrar muito fogo e enxofre ali dentro — e estaríamos certos: a chaminé em si é feita de ferro e minerais sulfúricos, e a água está repleta de substâncias químicas venenosas, que vão do ácido sulfídrico a vários metais pesados. Para piorar a situação, é muito escuro lá embaixo: como a luz do Sol não chega a essas profundidades, não existe a possibilidade de fotossíntese. Fervente *e* congelante; venenoso; pressão capaz de amassar um carro; inteiramente escuro — não é um lugar extremamente hospitaleiro, é? Ainda assim, há quem o chame de lar, doce lar.

Em 1997, descobriu-se que uma amostra de material retirada de uma fonte hidrotermal continha uma espécie de micróbio que conseguia suportar, indefinidamente, a exposição a 113°C e que se reproduzia alegremente a 106°C (para um micróbio, a atividade reprodutiva é um sinal confiável de que as condições estão ótimas). Abaixo de 90°C era, efetivamente, frio demais para ele. Chamado de *Pyrolobus fumarii* (*P. fumarii*), que em latim significa "lóbulo de fogo da chaminé", tratava-se do organismo mais resistente ao calor já descoberto.

Os organismos resistentes ao calor (hipertermófilos) foram descobertos várias décadas atrás e são muito interessantes para os cientistas, porque níveis tão elevados de energia calorífica acabam completamente com os organismos "comuns": as proteínas mudam de forma (ferva um ovo para ver), o DNA se perde completamente e as membranas das células estouram feito bolhas; mas estes caras lidam com isso sem problemas.* Desde que foram descobertos, novos estudos revelaram certas obras extraordinárias de engenharia orgânica nesses micróbios que lhes permitem funcionar.

Os hipertermófilos também são úteis: uma enzima do hipertermófilo *Thermus aquaticus* é essencial para uma técnica de laboratório chamada reação em cadeia da polimerase (PCR, na sigla em inglês), que é simplesmente a técnica mais útil para a pesquisa biológica desde a invenção da roda. Resumidamente, a PCR amplifica uma sequência de DNA, transformando uma cópia da sequência em milhões. Isso nos permite estudar, analisar e utilizar essa sequência. A PCR também é a base de toda a análise forense por DNA da qual você ouve falar nos noticiários

* Os micróbios possuem todo tipo de estratégia para lidar com condições adversas; por exemplo, alguns deles criam conchas protetoras (esporos) a seu redor, colocam um sensor do lado de fora para quando as condições melhorarem e sobrevivem em um estado adormecido.

(e, como um lamentável efeito colateral, tem sido a base para muitos e muitos episódios da série *CSI*).

De volta ao *P. fumarii*, esse cara faz mais do que simplesmente resistir ao calor. Como vimos, o ciclo da vida depende de que as plantas captem a energia do Sol e os nutrientes do solo, de que os animais comam plantas e outros animais e depois morram e de que os micróbios decomponham os animais e plantas mortos, transformando-os em nutrientes; e assim por diante. O único elemento não cíclico envolvido nesse processo é o Sol — é a bateria que movimenta o ciclo. Toda criatura viva depende da energia solar; se ela não estiver presente, o circuito é interrompido. Mas o *P. fumarii* (e alguns outros micróbios igualmente esquisitos) absolutamente não precisa do Sol: ele obtém sua energia do calor e das substâncias químicas do ambiente que o cerca, por meio de uma série de truques bioquímicos complicados, em cujos detalhes não vou entrar.* Ele literalmente vive da Terra e, ao fazê-lo, dá a outras criaturas a oportunidade de viver, permitindo a existência de todo um ecossistema: um conjunto variado de criaturas que vivem perto de fontes hidrotermais possui relações simbióticas com os hipertermófilos ou se alimenta deles. Outros seres são predadores dessas criaturas, de minhocas serpenteantes a lesmas com presas venenosas que caçam moluscos revestidos com ferro; portanto, a vizinhança de uma fumarola negra é cheia de vida, enquanto, a seu redor, o fundo do oceano é um lugar desolado e silencioso.

* Na verdade, o *P. fumarii* precisa de oxigênio, o que significa que ele é um pouco dependente do Sol, pois se o Sol um dia se apagasse, as reservas de oxigênio no oceano acabariam por se esgotar.

E você está achando que 113°C é dureza? Em 2003 foi descoberto um micróbio ainda mais cascudo em um complexo de chaminés situado na cadeia de montanhas submarinas Juan de Fuca, no Oceano Pacífico. Chamado provisoriamente de *Cepa 121*, em virtude da maior temperatura na qual era capaz de crescer (e o organismo ainda sobrevive a 130°C), ele deixa o *P. fumarii* no chinelo. Mais que isso, esse organismo utiliza ferro em vez de oxigênio, sendo portanto inteiramente independente do Sol.

Foram encontrados diversos hipertermófilos em muitos complexos de suspiros, ou chaminés, em todos os oceanos; mas como exatamente eles chegaram ali? Esses organismos não podem simplesmente deixar uma chaminé e viajar até outra, porque não sobreviveriam à jornada congelante. Então, como é que eles fazem?

Não sabemos a resposta, mas é algo a se pensar: todos os hipertermófilos, assim como outros micróbios que resistem a condições extremas (frio, acidez e salinidade, por exemplo), pertencem ao grupo de organismos chamados arqueias. Não são bactérias, e certamente não são fungos — trata-se de um tipo diferente de criatura. Um organismo desse reino é tão diferente de uma bactéria quanto de nós. Foram chamados arqueias porque são arcaicos e, apesar de viverem ao nosso lado no século XXI, acredita-se que sejam bastante parecidos com os primeiros organismos surgidos no planeta Terra; em outras palavras, fomos nós que mudamos, enquanto eles permaneceram iguais.

É possível que, há bilhões de anos, as condições na Terra fossem bastante inóspitas — com enxofre e metal jorrando do oceano, e sem oxigênio — e que a primeira forma de vida estivesse equipada para suportá-las. Posteriormente, a situação se acalmou, e a vida evoluiu para se ajustar à mudança de condições. Mas ainda restam pequenas ilhotas de ferocidade e, nelas, as relíquias inalteradas de uma era ancestral ainda fazem o que vêm fazendo há tempos imemoriais.

Esse assunto talvez esteja um bocado úmido demais? Vamos então ao Chile, para nos secarmos um pouquinho — na verdade, não só um pouquinho.

Um gole de vida

O coração do deserto do Atacama, no Chile, que se situa ao leste do Oceano Pacífico e se estende até a Cordilheira dos Andes, é o lugar mais seco da Terra. É seco, seco, seco. A chuva é praticamente desconhecida ali. Não há rios, nem lagos, não há água de nenhuma espécie; e ausência de água equivale a ausência de vida. A natureza é assim — sem exceções.

Não é de surpreender que esse deserto, apesar de não ser especialmente quente (para um deserto, pelo menos), seja o lugar mais árido do planeta. É tão destituído de vida que a Nasa o utiliza para testar as sondas que manda para Marte, pois é o ambiente terrestre mais parecido com os desertos desse planeta. Nenhuma planta vive ali, nenhum inseto, nem mesmo micróbios. Nada.

Ainda assim, em 2005, em um antigo lago ressecado que hoje não passa de uma coleção de rochas salgadas, o microbiologista Jacek Wierzchos encontrou um tipo de bactéria extremamente resistente vivendo alguns milímetros dentro das rochas.

Do que esses bichos vivem? Onde conseguem a água de que precisam? Por que estão no interior das rochas, e não na superfície? *O que está acontecendo?*

Ainda não temos todas as explicações, mas acreditamos que funcione da seguinte maneira: até mesmo os lugares mais secos possuem alguma umidade no ar. Quando a temperatura cai, à noite, parte dessa umidade se precipita na forma de minúsculas gotículas de água e fica no chão — é assim que surge o orvalho. No Atacama, geralmente há muito pouca umidade; entretanto, em algumas noites (não muito frequentes), geralmente logo antes da alvorada, há um pouco de orvalho no ar. Quando esse orvalho cai sobre um pouco de sal, este suga a umidade (borrife algumas gotas d'água sobre um pouco de sal de mesa e veja o que acontece) e a água chega aos nossos amigos microscópicos, que estavam adormecidos, esperando pacientemente por esse momento. Eles então despertam e se põem rapidamente a trabalhar, já que essa é a única oportunidade que terão para executar alguma atividade nos próximos tempos.

Em primeiro lugar, eles se abrem e recebem a luz do Sol; como as plantas, essas bactérias são fotossintéticas (pertencentes à família *Chroococcidiopsis* de cianobactérias), portanto absorvem sua energia diretamente do Sol. Se estiverem com sorte e tiverem um pouco mais de tempo, realizarão algumas tarefas de automanutenção; e se o dia for realmente bom, talvez decidam ir um passo além e se multiplicar (o que fazem, é claro, dividindo-se).

A diversão ao Sol termina rapidamente, já que a cada momento em que estão abertos perdem um pouco mais de sua preciosa água, portanto se fecham novamente e repousam entre os reluzentes cristais de sal no leito de um lago que secou há milhões de anos.

Talvez sonhem com a chuva.

Cidade da gosma

Enganei você ali atrás, quando falei do *E. coli*. Aquele com que trabalhamos no laboratório não é exatamente do tipo que encontramos em nossas tripas. Ao longo do tempo, a variedade de laboratório foi modificada de modo a se tornar mais manejável — em particular, para perder a tendência de secretar grandes quantidades de uma substância repulsiva e pegajosa que interfere com seu manuseio. Vou contar agora a história das maravilhosas estruturas (que chamamos de "biofilmes") produzidas a partir dessa tal repulsiva e pegajosa substância. Os biofilmes são o tipo de coisa que faz com que gastemos muito tempo tentando nos livrar dela — e muito dinheiro, pois não é algo que possamos fazer por conta própria.

Geralmente pensamos nos micróbios como criaturas que nadam em ambientes aquáticos. Mas nem sempre é assim. Frequentemente um micróbio encontra uma superfície sólida e adere a ela, utilizando certas proteínas pegajosas de sua superfície. Ele então começa a secretar uma substância açucarada que forma uma concha viscosa a seu redor, à qual outros micróbios aderem. Estes também começam a secretar suas substâncias, e em pouco tempo temos todo um amontoado de micróbios secretores — um próspero e movimentado emaranhado de microrganismos, camada sobre camada, cercados por uma matriz protetora externa, cada um deles ocupando uma caverna minúscula formada dentro da gosma. Você já esteve em uma cidade hiperpovoada como Hong Kong, em um mercado árabe no Oriente Médio ou nas partes menos glamorosas de Nova York? É mais ou menos assim, só que mais gosmento.

Estima-se atualmente que a maior parte dos micróbios da Terra viva em biofilmes; no entanto, ainda sabemos surpreendentemente pouco sobre eles, porque esse tipo de estrutura densa e fechada é muito difícil de se estudar (pergunte a um policial que trabalhe no centro da cidade, ou a um soldado que teve de lutar em uma guerra urbana). Os cientistas preferem lidar com coisas facilmente mensuráveis, como células bacterianas que flutuam individualmente em um líquido. Quando elas começam a se amontoar, grudam nas coisas e se recusam a sair, é tudo muito confuso: não conseguimos determinar direito sua concentração, porque não estão dispersas de maneira homogênea; da mesma forma, é difícil chegar até elas, pois estão protegidas pela matriz externa. Não conseguimos nem saber exatamente o que estamos estudando, porque há diferentes tipos de micróbios lá dentro, todos com propriedades diferentes. Isso, como veremos mais tarde, também faz com que seja difícil nos livrarmos deles. E não estamos falando de nenhum organismo especial ou ultrarresistente — é só que, uma vez organizados dessa maneira, eles viram uns bichinhos bem desgraçados, difíceis de lidar.

E eles se organizam, pode ter certeza: os biofilmes não são apenas um amontoado de bichinhos, um em cima do outro. Geralmente há muitas espécies diferentes vivendo juntas, lado a lado (é culturalmente muito diversa, a comunidade biofílmica), comunicando-se umas com as outras. Fazem isso trocando todo tipo de sinal químico. Criaturas totalmente diferentes falando a mesma língua — não é incrível? Biologicamente, um fungo "falando" com uma bactéria é como você trocando agrados com uma amoreira. É difícil decifrar exatamente o que eles estão "dizendo", e qualquer pessoa que já tenha observado alguma parte da natureza por bastante tempo poderá deduzir que o conflito certamente faz parte desse jogo; mas o resultado final é um próspero habitat multicultural, portanto o que quer que eles façam parece estar dando bom resultado.

Os biofilmes também possuem encanamento: há canais que abastecem os micróbios residentes com a água e os nutrientes necessários, além de servirem como boas vias de comunicação (já que por eles também circulam moléculas de sinalização). No fim das contas, não é a balbúrdia que poderia parecer vista de fora: os micróbios em biofilmes não crescem de qualquer jeito — eles se dispõem de modo a não bloquear os canais d'água, e se diferenciam fazendo com que a camada externa seja mais dura e resistente que a próspera camada interna. Trocando em miúdos, os biofilmes são organizados.

Mas seus habitantes não ficam sempre ali parados: micróbios aventureiros muitas vezes se desligam da estrutura principal — sozinhos ou em pequenos amontoados — para buscar a sorte em outras terras (ou corrente abaixo, já que eles seguem o fluxo). Eles provavelmente gritariam "Gerônimo!" ao se soltarem, se tivessem uma boca com a qual fazer isso.

Podemos encontrar biofilmes em qualquer lugar em que haja umidade e uma superfície na qual aderir: eles tornam as pedras dos rios escorregadias, entopem ralos e também são um problema terrível em hospitais, onde se prendem a cateteres e se recusam a sair. Como estão constantemente enviando novos colonizadores, podem criar um problema de contaminação crônica em pessoas que precisam ser entubadas por algum motivo.

Os biofilmes também se formam no interior de nosso corpo: um tipo em particular gosta de crescer nas válvulas do coração e causa inflamações sérias, sendo um dos motivos pelos quais a pesquisa sobre biofilmes está ganhando grande destaque. Em outra forma (a placa), eles aderem aos dentes, alimentam-se do açúcar que ali conseguem encontrar e secretam um ácido que acaba por carcomê-los.

Para manter a imparcialidade, devo dizer que os cientistas e engenheiros ambientais também estão fazendo bom uso dos biofilmes, para tratar esgotos e outras atividades detestáveis. Com suas espécies e habilidades diversas, os biofilmes são capazes de realizar esforços em conjunto que seriam impossíveis para uma única espécie.

Os seres humanos talvez vejam os biofilmes como algo útil ou como uma fonte de problemas. Mas qual é o objetivo do biofilme para o próprio micróbio? Por que ele se daria ao trabalho de aderir a uma superfície ou de formar uma estrutura tão elaborada sobre ela?

Uma resposta é (citando o falecido Sir Edmund Hillary, primeiro alpinista a escalar o monte Everest) "porque ela está lá". Como vimos ao longo deste capítulo, se há um lugar onde viver, algo irá encontrar uma maneira de viver ali, e as superfícies sólidas em ambientes líquidos não são uma exceção.

Também é muito mais fácil, para os micróbios, suportar a força do fluxo de água quando estão unidos, e a matriz externa não se ocupa apenas de mantê-los grudados — também mantém outros elementos do lado de fora, protegendo seus habitantes de todo tipo de perigo, como metais tóxicos, desidratação e radiação ultravioleta. Esse pode ser um dos motivos pelos quais os micróbios constroem biofilmes.

Além disso, os biofilmes também são mais resistentes aos antibióticos. Não sabemos exatamente por quê, mas novamente, a causa pode estar nas qualidades protetoras da matriz.

Outra teoria diz que essas formações podem conter pequenas subpopulações de células microbianas resistentes ao ataque dos antibióticos, seja por apresentarem uma resistência natural, seja por estarem em um estado latente (um micróbio inativo é muito menos vulnerável à maioria dos antibióticos). Quando o biofilme é transpassado por antibióticos e a maior parte das células em seu interior sucumbe, essas populações peculiares podem começar a se multiplicar rapidamente, restaurando o estado prévio em um tempo relativamente curto. Bom para eles, dor de cabeça para nós.

Os biofilmes vieram para ficar, portanto escove os dentes após as refeições e consulte o seu dentista regularmente — por agora, o melhor que podemos fazer é mantê-los sob controle, de alguma maneira. No fim das contas, nada pode competir com a vida na cidade.

O x-bichinho

Os X-Men (famosos nos quadrinhos e filmes) são mutantes, o que significa que possuem alterações em seus códigos genéticos que lhes dão poderes sobre-humanos, tais como olhos que emitem raios mortais e controle sobre fenômenos climáticos. Por algum motivo, parece que eles também voam um bocado e têm corpos estonteantes.

Demais! Infelizmente, por mais divertidas que pareçam, mutações que nos permitam desafiar leis físicas como a gravidade são impossíveis fora da fantasia.* Mas as mutações re-

* É uma pena. Eu gostaria de poder esticar o tempo para ter mais horas de sono. Eu seria conhecido como o "Homem-Soneca" e vestiria um pijama roxo e uma capa. E pantufas felpudas, também.

almente ocorrem. E constantemente. Na vida real, entretanto, a maior parte delas tende a piorar a situação de um micróbio — é por isso que os superpoderes do bichinho a seguir têm a função de evitá-las, o máximo possível.

O *Deinococcus radiodurans* (*D. rad*) é provavelmente o mais próximo que conhecemos de um super-herói de verdade; não é à toa que ele já foi chamado de "Superbichinho" e "Conan, o bactério". Suas super-habilidades incluem uma incrível resistência à radioatividade, imunidade ao calor, frio e acidez e a capacidade de sobreviver no espaço sideral. O *D. rad* foi descoberto por acidente em um laboratório agrícola na década de 1950, quando uma lata de carne foi exposta a uma radiação que deveria matar qualquer organismo vivo em seu interior. Posteriormente, os cientistas descobriram que a carne tinha apodrecido, e que nela crescia alegremente o *D. rad*. Se fosse um filme, ele provavelmente estaria usando roupas colantes e gargalhando diabolicamente num urro: "Huahaha!"

Para fins de comparação, os seres humanos morrem após serem expostos a entre 400rads e 1000rads de radiação ionizante. A maior parte dos mamíferos possui resistência semelhante. A humilde barata, exaltada no mito popular como um ser "à prova de radiação", consegue tolerar até dez vezes esse valor, o mesmo que o *E. coli* em nosso intestino. Um tipo particularmente resistente de vespa parasitoide consegue suportar valores até 185 vezes maiores. Mas o *D. rad* pode humilhar a todos nós: ele prospera alegremente após ser acertado com 1,5 milhão de rads, e aparentemente conseguiria aguentar duas vezes mais. Huahaha, de fato.

As habilidades do *D. rad* despertam duas questões interessantes: como adquirir essa resistência? E com que propósito?

A primeira pergunta ainda está sendo intensivamente investigada, mas o que sabemos até agora é que as lesões e a morte por radiação ionizante ocorrem principalmente porque o DNA no interior das células é danificado pela radiação. O pior tipo de dano ocorre quando a fita de DNA se rompe inteiramente.

Todo organismo vivo possui alguma capacidade de regeneração do DNA (nosso corpo está sendo constantemente restaurado por diversos sistemas — sem eles, pegaríamos câncer e morreríamos em poucas semanas). O *D. rad* tem essas mesmas capacidades, e muitas mais.

Em primeiro lugar, seu DNA é mantido firmemente unido em uma estrutura anelar especial chamada toroide, de modo que, se seu DNA se romper, os fragmentos ficarão presos a seus sítios originais e não se perderão (mais ou menos como o vidro antiestilhaço das janelas dos carros). Em virtude disso, é muito mais fácil recolocar as peças do quebra-cabeças na ordem certa.

Segundo, uma vez que esse DNA antiestilhaço terminou suas peripécias de dublê ao estilo *O exterminador do futuro 2*, entra em cena um sistema de autorregeneração. Cada micróbio tem entre quatro e dez cópias de seu DNA, mantidas em quatro compartimentos separados, e somente uma ou duas cópias estão ativas a cada momento (quando o DNA está em uso, encontra-se mais "aberto" e suscetível a danos). Depois que o DNA de cada cópia já estiver sendo regenerado há algum tempo, as cópias começam a passar de um compartimento para o outro e as enzimas de regeneração da célula passam a comparar as cópias de duas em duas, usando cada uma como molde para consertar a seguinte. Dessa maneira, as cópias mais avariadas são regeneradas e o micróbio consegue continuar a viver normalmente.

Passamos agora à segunda pergunta — que utilidade tem um sistema tão complicado para esse micróbio? A pressão evolutiva dita que, se tal sistema não estiver ajudando o *D. rad* a sobreviver, deveria ter sido descartado, ou jamais teria surgido. Então, como é possível que ele tenha construído um dispositivo tão complexo para lidar com a radiação quando, até muito recentemente, nenhum lugar na face da Terra apresentava condições nem remotamente próximas a essas?

Questões começadas em "por que" são um pouco difíceis de responder quando estamos lidando com micróbios (a quem poderíamos perguntar?); porém, antes de começarmos a ter ideias de ficção científica (cavernas subterrâneas repletas de rádio? Reatores nucleares ancestrais submersos de uma civilização já extinta?), uma explicação possível é que essa resistência talvez seja uma defesa contra algo muito mais comum: a falta d'água. O ressecamento extremo causa essencialmente o mesmo tipo de malefício e dano ao DNA que a radiação. Muito tempo atrás, essa espécie pode ter desenvolvido um mecanismo para lidar com ambientes muito secos que, casualmente, também a tornou imune à radiação nuclear.

Todas essas habilidades são muito convenientes para nós humanos, porque o *D. rad* é um super-herói que utiliza seus poderes para o bem, e não para o mal. Ele é inofensivo para humanos e animais, vive pacificamente no solo e pode muito bem nos ajudar a limpar a terrível bagunça que estupidamente criamos para nós mesmos ao inventarmos os aterros sanitários de lixo misto.

Os micróbios, você sabe, comem qualquer coisa. Eles consomem até mesmo substâncias químicas inventadas pelo homem e plásticos, o que é uma excelente notícia para nós, já que não conhecemos nenhuma outra maneira de nos livrarmos do lixo e da contaminação que criamos. Se pudermos encontrar, ou desenvolver, micróbios que gostem tanto do nosso lixo químico a ponto de devorá-lo vorazmente, teremos resolvido um enorme problema ambiental. Essa área de pesquisa — a biorremediação — tem avançado cada vez mais e será explicada em mais detalhes no Capítulo 6.

Nas últimas décadas, em que a atividade mais importante do mundo para alguns governos era fabricar muitas armas nucleares muito rápido, os países acumularam enormes quantidades de lixo misto — aquele simultaneamente tóxico e radioativo. Essas substâncias químicas aterradoramente perigosas foram armazenadas em recipientes que, depois de uma ou duas décadas, começaram a vazar, contaminando o solo e a água a seu redor. Eca, humanos.

Só nos EUA há atualmente mais de 100 aterros desse tipo. Talvez pudéssemos descontaminá-los usando micróbios capazes de degradar as substâncias químicas tóxicas. Entretanto, todos eles morreriam com a radiação antes de conseguirem limpar qualquer coisa.

Mas não tema! O *D. rad* vem nos salvar! Os cientistas estão atualmente tentando pegar os genes dos micróbios biorremediadores (que também são superbichinhos comedores de veneno) e os inserir no *D. rad*. Se isso funcionar, seria uma elegante solução para um problema bastante complicado.

Uma consideração final sobre esse bichinho: como falei, ele também é muito resistente ao vácuo, portanto é capaz de sobreviver a uma viagem pelo espaço sideral, digamos, em um meteoro ou uma espaçonave. Isso significa que temos que ter muito cuidado com o que enviamos a outros planetas — corremos o risco de contaminá-los com bichinhos terráqueos. Alguns pesquisadores vão mais além, sugerindo que a situação talvez tenha se dado ao contrário: que muito, muito tempo atrás, vindo de algum planeta distante, um micróbio ancestral parecido com o *D. rad.* surfou um meteoro e pousou em um planeta sem vida. Ele começou a se multiplicar e evoluir, e assim surgiu a vida na Terra.

Provavelmente não foi isso o que aconteceu, mas um passado misterioso nunca chegou a ser um problema para um super-herói.

FAIXA BÔNUS Nº 2: Ursinhos Gummi mortos-vivos*

Temos agora o orgulho de apresentar o nosso show de ursos — mas não quaisquer ursos, senhoras e senhores: estes são ursos d'água. Uma salva de palmas!

Formalmente conhecidas como tardígrados, essas criaturas não são micróbios no sentido estrito — na verdade, são animais. São multicelulares e possuem órgãos propriamente ditos, sendo parentes distantes dos carrapatos e dos ácaros; mas eu me dei a liberdade de incluí-los aqui porque:

* *Gummi bear* é um nome geral dado em inglês a balas de gelatina mastigáveis multicoloridas, tradicionalmente feitas em formato de ursinhos (*bears*), e muito populares em países da Europa (foram inventadas na Alemanha) e nos Estados Unidos. A Disney chegou a produzir um popular desenho animado nos anos 1980-1990, *As aventuras dos Ursinhos Gummi*, cujos personagens eram ursos medievais que tomavam um suco que os tornava capazes de saltar como se fossem de borracha. (N.E.)

1. São muito, muito pequenos.
2. São o máximo!

Essa grande família de criaturas minúsculas tem andado por aí há centenas de milhões de anos, sendo conhecida pelos seres humanos desde 1773. Entretanto, por serem relativamente inofensivos, muito pouca gente já ouviu falar deles (problemas geram reconhecimento, afinal — pergunte a Norman Khan, o irmão desconhecido de Gengis).

Foram apelidados de "ursos d'água" porque caminham rebolando de um jeito parecido com o dos ursos (ainda que caminhem sobre *quatro pares* de pés). Assim como os ursos, possuem garras, olhos, músculos e nervos, e se movem agarrando-se às coisas, como pequenos alpinistas; porém, com suas cores psicodélicas e pele de aparência pegajosa, às vezes lembram mais uns Ursinhos Gummi.

Mais de mil espécies de ursos d'água já foram reconhecidas, e provavelmente outros milhares esperam por ser. Seu tamanho varia entre 0,1mm e 1,2mm, dependendo da espécie, o que significa que você terá dificuldade em enxergar os maiores deles a olho nu, isso se tiver sorte — o problema é que são quase transparentes e difíceis de localizar.

Diferentemente do que acontece com os ursos, eles respiram através da pele, que precisa estar constantemente úmida (é por isso que são chamados "ursos d'água"). Vivem em praticamente qualquer lugar em que haja água, inclusive montanhas muito altas, oceanos, regiões antárticas e florestas tropicais, mas geralmente podem ser encontrados em musgos e liquens. Onde quer que você esteja lendo isto, provavelmente há um urso d'água não muito longe de você.

Quanto à alimentação, as espécies de ursos d'água têm gostos variados: alguns comem bactérias, outros sugam os líquidos de células vegetais ou animais com suas presas minúsculas. Por sua vez, eles são devorados por outras criaturas, como amebas e outras espécies de ursos d'água.*

Os ursos d'água também se parecem com os ursos em sua capacidade de hibernar; mas, nesse sentido, os pequeninos ganham de longe dos grandes. No inverno, um urso comum pode entrar em uma longa hibernação durante a qual seu metabolismo se reduz para não utilizar muita energia. Quando as condições ficam difíceis e inóspitas para os tardígrados, especialmente quando o ambiente fica seco demais para seu gosto, eles podem entrar em um estado de criptobiose (derivado da palavra "cripta"), ou seja, podem entrar em um modo no qual não apresentam praticamente, ou completamente, nenhum metabolismo —

---

* Esta é a primeira vez que ouço falar de um animal que é comido por uma criatura unicelular. Assustador, não?

um estado antigamente conhecido como "morte" — e ficar assim por longos períodos até reviverem.*

O urso d'água realiza esse feito extraordinário ressecando-se quase completamente e substituindo praticamente toda a água de suas células por um açúcar chamado trealose. Ele pode ficar nesse estado por um período praticamente indefinido, até que seja molhado novamente, o que faz com que retome a consciência em alguns minutos ou horas e volte a suas atividades como se nada tivesse acontecido.

O mais impressionante é a resistência desse animalzinho durante esse estado "morto-vivo": várias espécies de tardígrado sobrevivem em temperaturas de até −273°C (ridiculamente frio)** ou 151°C (infernalmente quente).*** Suportam altas pressões, substâncias químicas tóxicas e até mesmo o vácuo; e se você os borrifar com água e esperar um pouco, eles logo ficarão em pé e rebolarão por aí, meigos como docinhos de festa.

---

* Em um caso bastante conhecido, um urso d'água foi revivido de um musgo após 100 anos de criptobiose.

** Temperatura muito próxima ao zero absoluto (da escala Kelvin), estado hipotético em que não se registraria nenhuma agitação molecular, atribuído à temperatura de −273,73°C. (N.E.)

*** Caso você esteja se perguntando se isso contradiz a alegação de recorde mundial de resistência ao calor da *Cepa 121*, não se esqueça de que os ursos d'água, diferentemente do micróbio hipertermófilo, não vivem normalmente nessas condições — estão em um estado suspenso, inativo, à espera de tempos melhores; portanto estão sobrevivendo, e não vivendo.

Os pesquisadores estão começando a se interessar por essas criaturinhas, porque o truque da trealose, se descobrirmos como fazê-lo, poderá se mostrar muito útil para mantermos coisas vivas prontas para o uso, mas em um estado adormecido, por longos períodos — coisas como órgãos à espera de um transplante, ou astronautas em viagem a planetas distantes. Pense só: *astronauta em pó — basta acrescentar água!*

A maior parte das pesquisas com tardígrados tem se concentrado na Europa. Sabe-se muito pouco sobre tardígrados brasileiros e, já que eles estão por toda parte, você poderia realizar um trabalho de pesquisa original em um musgo perto de você, e teria uma chance bastante razoável de encontrar uma nova espécie animal completamente desconhecida da ciência.

Pense nisso, esse bichinho pode ser muito mais do que um amigo-urso!

3. Bichinhos em movimento

Você já visitou uma cidade fantasma? Observando o lugar, não se vê nada além de uma terra desolada. Ainda assim, um dia as pessoas trabalharam, criaram seus filhos naquele lugar e o chamaram de lar — e depois foram todos embora. Por que o fizeram? Aliás, antes de mais nada, por que foram para lá?

As respostas sempre têm relação com algum tipo de recurso, natural ou não. As cidades muitas vezes surgem e crescem rapidamente após a descoberta de ouro, por exemplo, e outros recursos preciosos ou úteis (metais, petróleo e madeira, geralmente) também tendem a atrair pessoas de toda parte, ávidas por abocanhar uma parte antes que o tal recurso se esgote. Os recursos mais básicos são boas terras aráveis e água, mas até mesmo uma boa posição — o alto de um morro facilmente defensável, por exemplo, ou uma baía protegida — pode ser considerada um recurso. Obviamente, cada pessoa em particular tem razões complicadas para se mudar para um lugar e não para outro, mas se observarmos o quadro geral — os movimentos em massa das pessoas ao longo de períodos de tempo — é possível enxergar padrões.

E quanto aos micróbios? Eles buscam exatamente os mesmos recursos que nós: água, energia utilizável e materiais. Portanto, não é de surpreender que sua dinâmica de moradia seja semelhante: localize algo que possa usar, use-o e siga em frente quando se esgotar — ou quando encontrar, ou tiver a esperança de encontrar, algo melhor.

Este último ponto é interessante: se tudo está bem do jeito que está, por que nos preocuparíamos em sair daqui? Qual é a lógica evolutiva subjacente para que uma espécie de micróbio desenvolva o que, como veremos, são mecanismos de mobilidade muito complicados e custosos? As razões são bastante claras, mas não imediatamente intuitivas. Serei abusado e as resumirei usando uma palavra nada científica: esperança.

Movidos a esperança

Nos seres humanos, a esperança é algo bastante capcioso de se analisar, mas vamos tentar abordá-la usando o exemplo dos investimentos.

Suponha que eu tenha algum dinheiro sobrando (é um exemplo verdadeiramente hipotético, pode ter certeza) e queira guardá-lo e, se possível, ganhar um pouco mais. O que preciso é daquilo que as pessoas espertas com ternos ainda mais espertos chamam de estratégia de investimentos. As estratégias de investimento podem ser de alto ou baixo risco; quanto maior o risco, maior deveria ser a recompensa. Ações geralmente têm um risco mais alto que títulos ou que a poupança, e apostar tudo o que você tem em uma única ação é ainda mais arriscado. Um exemplo extremo de uma estratégia de investimento conservadora seria comprar um bloco de ouro, ou ferro, e sentar em cima dele até a morte, empunhando uma espingarda carregada (a escola financeira do "não confie em ninguém"). Mas isso, segundo me explicaram, não deverá gerar nenhum retorno significativo sobre o investimento.

Um exemplo surpreendentemente popular do extremo oposto são os bilhetes da loteria (o paradigma do "que-a-sorte-sorria-para-mim"), no qual um pequeno investimento pode, em última instância, gerar lucros descomunais, só que, posto de maneira simples, não gera.*

Os investimentos podem ser diversificados ou podem se concentrar em um só tipo de ativo. Para o cliente de longo prazo, um consultor de investimentos (pelo menos um que não tenha títulos impressos às pressas e um carro de fuga) sugeriria ao menos alguma diversificação, pois é o que manda o bom senso. Não é de surpreender, portanto, que os organismos vivos — entre eles os micróbios — empreguem o mesmo tipo de comportamento: matemática é matemática, e ainda que os micróbios não calculem probabilidades conscientemente, as mesmas regras da estatística e da probabilidade se aplicam em toda parte. Dessa forma, um micróbio se vê diante de um dilema eterno: será que fico ou será que vou? Devo segurar as pontas por aqui, ou é melhor tentar a sorte em outro lugar?

Não vou me cansar de repetir que um micróbio não pensa; a decisão é tomada em um nível evolutivo, e a célula microbiana individual não tem voz no assunto. Porém, como uma espécie de micróbio que não tenha nenhuma possibilidade de se mexer irá, muito provavelmente, enfrentar graves problemas de escassez de recursos mais cedo ou mais tarde, e já que, em alguns casos, *há* oportunidades maravilhosas logo ali além do horizonte (talvez no rato ao lado, ou no prato logo ali), desen-

---

* As loterias às vezes são chamadas de "impostos sobre a burrice". Eu concordo plenamente, mas ainda assim compro meus bilhetes como uma espécie de licença para sonhar. Certa dose de burrice é uma parte fundamental do que nos faz humanos, no fim das contas.

volver algum mecanismo de locomoção geralmente é uma boa estratégia de administração de risco.

Muitos micróbios não apresentam nenhum movimento ativo, sendo dependentes de forças passivas — como correntes de ar ou água ou táticas mais elaboradas — para chegar aonde quiserem. Outros não se movem muito por conta própria, mas utilizam diversos meios engenhosos para espalhar por aí sua próxima geração. A seguir, vou contar a história de um desses micróbios, do qual gosto particularmente.

Observação: esta próxima seção contém uma palavra ofensiva. Se você vem de uma boa família, por favor, abstenha-se de ler as linhas 1, 2 e 60.

Canhões de bosta de vaca

1 A vida do *Pilobolus crystallinus* (*P. c.*) é uma merda, e é exata-
2 mente disso que ele gosta — merda de vaca, preferencialmente,
mas o cocô de qualquer herbívoro também serve.

Você talvez pense que residir no cocô seja uma maneira nojenta de passar os dias, mas a bosta é um lar muito saudável, se você não for muito exigente: restam ali muitos nutrientes, mesmo depois que a vaca terminou sua digestão; além disso, é um lugar quentinho, portanto sempre há bastante movimento na área, com insetos, vermes e montes de germes que chegam para se divertir.

Um monte de bosta de vaca é bacana, mas as coisas boas não duram para sempre, e o *P. c.* quer que seus filhos tenham a possibilidade de se mudar — até porque, a grama do vizinho sempre parece mais verde (mais marrom, no caso). Todos queremos que nossos filhos tenham seu próprio lugar iluminado e suculento onde se alimentar, caso contrário ficaremos todos amontoados e a comida vai se esgotar rapidamente.

Mas como fazer com que cheguem ali? Mover-se de bosta em bosta é fácil se você for uma mosca, mas se você for um fungo como o *P. c.*, estará diante de um problema de transporte. Uma técnica microbiana comum é pegar carona em um inseto. Basta produzir alguns esporos e os cobrir com uma substância pegajosa; a mosca vem se alimentar, o esporo gruda em seu corpo e lá se vai ela para a próxima bosta, levando a carga consigo.

Bem simples, mas o *P. c.* não confia em moscas e, além disso, quer que a geração futura encontre a melhor e mais fresca das bostas, o que significa ir buscá-la diretamente na fonte — sim, o *P. c.* quer colocar seus esporos *dentro* da vaca.

Muito bem, as vacas talvez não sejam os mais inteligentes dos animais, mas são espertas o suficiente para não comer o que acabaram de defecar. Isso é bastante razoável (a não ser para certos cães, mas não ligue para eles); portanto, o *P. c.* precisa emitir seus esporos o mais longe possível, fazendo com que cheguem ao pasto verde. Como? Ele se transforma em um canhão d'água.

Enquanto seus esporos maturam e vão ficando prontos para ser espalhados, o *P. c.* desenvolve uma haste com um saco no topo (chamado esporângio). O fungo então bombeia água para o esporângio, acumulando-a dentro do saco e criando uma grande pressão hidrostática. Quando os esporos estão prontos para sair, a pressão do liquido é libertada e a explosão resultante faz com que saiam voando. Essa carga de artilharia pode atingir uma altura máxima de 2m, podendo aterrissar a cerca de 2,5m de distância — nada mau para um canhão de 1cm de comprimento.*

E os esporos também não pousam em qualquer lugar. O *P. c.* é um fungo esperto, de alta tecnologia, portanto os aponta em direção ao Sol, usando uma área sensível à luz localizada logo abaixo da ponta de sua haste; dessa forma, é mais provável que os esporos caiam em uma área ensolarada, na qual a grama irá crescer bem — exatamente onde uma vaca sensata viria arrumar seu almoço.

Assim, o bovino virá comer essa porção de pasto, e nessa bocada entrará o esporo. O revestimento externo é duro, portanto ele não é mastigado nem digerido; apenas atravessa pacientemente o sistema digestivo da vaca (e uma vaca tem um *grande* sistema digestivo), até que... *ploft*! Lá se vai o esporo pela saída, completamente envolto em um fresco, intocado, apetitoso, or-
60 gânico, delicioso, nutritivo e adocicado monte de merda.

Outra dificuldade de movimento enfrentada pelos micróbios é a questão de como se estabelecer dentro de um organismo hospedeiro, em vez de simplesmente entrar por uma ponta do sistema digestivo e sair pela outra.** Além disso, é claro, há o problema de como se locomover ali dentro sem ser importunado pela polícia. Mas agora vamos entrar em um território mais obscuro — por mais que admiremos os movimentos sagazes deste próximo micróbio, ele é 100% do mal.

* Perguntei a um engenheiro que cuida de sistemas hidráulicos em aviões qual seria a pressão necessária para conseguir esse feito. Ele respondeu apenas: "Muita."

** Fisiologicamente falando, todo o tubo que vai da boca ao ânus não conta como a parte "de dentro" do corpo. Dessa forma, um ser humano pode ser considerado um tubo oco muito complexo.

Célula terrorista

O *Listeria monocytogenes* (listéria) é um bichinho perverso. Muitas espécies de micróbio desenvolvem maneiras incrivelmente engenhosas de escapar das forças de segurança de nosso corpo, e este é provavelmente um dos mais insolentes que conhecemos.

Os seres humanos podem contrair a listéria em alimentos crus contaminados (é um organismo bastante comum no ambiente, em animais selvagens e no gado), que pode então provocar uma série de problemas, como diarreia, aborto espontâneo e morte. Trata-se de uma grande dor de cabeça para as autoridades médicas e sanitárias, e igualmente para o nosso sistema imune.*

Ao entrar no sistema digestivo, a listéria começa a fazer seu trabalho. Na Fase A, ela consegue abrir caminho para o interior de uma célula epitelial do intestino, utilizando uma molécula especial firmemente presa a sua superfície que é capaz de se comunicar com uma molécula da célula hospedeira e enganá-la, fazendo-a iniciar uma cadeia de reações moleculares.** As reações fazem com que a membrana da célula hospedeira forme uma bolha ao redor do germe, que consegue então entrar na célula sem ser detectado.

Na Fase B, já dentro da célula, a listéria se livra de seu disfarce de bolha e começa a se multiplicar. Quando o número de

---

* Isso posto, um sistema imune saudável geralmente consegue lidar bem com uma infecção por *Listeria* — os problemas surgem quando o sistema imune não está em sua melhor forma.

** A proteína manipulada, chamada *E-caderina*, em geral tem uma função perfeitamente inocente nas células epiteliais dos mamíferos.

bactérias cresceu a tal ponto que a célula hospedeira se tornou, na opinião das invasoras, apinhada demais, começa a Fase C, na qual a listéria penetra em outras células do organismo enquanto tenta se manter longe da vista dos componentes do sistema imunológico que patrulham constantemente as rodovias e ruelas do corpo em busca de tais penetras.

Pois bem, cerca de duas semanas depois de aprender sobre esse micróbio, li uma notícia que trazia uma solução muito semelhante para um problema muito parecido. O problema, neste caso, estava ligado a operações militares: de que modo uma força de infantaria poderia se movimentar, ainda que devagar, em meio a uma área urbana muito povoada e extremamente hostil sem se expor ao fogo inimigo? A solução militar era simples, brutal e eficaz: avance através das paredes. Depois de tomar o controle de um edifício, os soldados abriam um buraco em uma das paredes laterais com explosivos e avançavam para a casa vizinha sem ter que sair para a rua. Deixando de lado, por um momento, as horríveis consequências que essa tática provoca para as pessoas que vivem nesses prédios, temos que admitir que ela efetivamente atinge seu propósito operacional.

A listéria emprega o mesmo método: em vez de se arriscar, expondo-se a forças imunológicas hostis, o germe sequestra novamente os sistemas da célula hospedeira, dessa vez assumindo o controle da maquinaria de polimerização da actina do hospedeiro. A actina é uma proteína bastante comum em nossas células, a partir da qual são criadas longas hastes — os polímeros de actina. Essas hastes são construídas e desmontadas rapidamente se necessário, e servem para manter intacta a forma da célula e para transportar materiais dentro dela —

imagine uma escada retrátil com um bombeiro na ponta. A listéria, entretanto, assume o controle e faz com que esses polímeros da proteína se formem rapidamente atrás dele, criando estruturas chamadas de "cometas de actina", que propelem o germe com alguma força em direção à membrana da célula hospedeira e daí para a membrana da célula adjacente, recomeçando então o processo.

Os micróbios que nos infectam são muito diversos, e são várias as maneiras que encontram para se manter vivos. A técnica da listéria é apenas um exemplo; mas a manipulação do hospedeiro pelos micróbios absolutamente não se restringe à maquinaria celular. Quando um micróbio infecta um hospedeiro, mais cedo ou mais tarde as células infectáveis se esgotarão. Um micróbio eficiente deve desenvolver estratégias para pular de um hospedeiro a outro (e mais outro). Já vimos que um fungo usa a si mesmo como canhão, mas por que não usar outro alguém para fazer o trabalho duro?

Preparativos de viagem

Chegou a hora de arrumar caixas de papelão outra vez — vamos nos mudar de casa. Nossa morada atual é realmente muito agradável, mas não vai conseguir acomodar a expansão populacional que está prestes a ocorrer em nossa família; por isso vamos embalar nossas coisas, passar fita adesiva, fazer anotações detalhadas, embrulhar, carregar e realizar todas as tarefas que habitualmente acompanham a transferência de vidas e pertences de um lugar a outro. Já que o estado de limpeza da minha casa, em seus melhores momentos, é apenas medíocre, uma parte importante do ritual consiste na faxina ultrameticulosa que se torna necessária quando um móvel é retirado de seu lugar habitual pela primeira vez em muitos anos. Não é de surpreender, portanto, que na minha cabeça a poeira esteja associada às mudanças e que, ao carregar mais um caixote de livros pela porta, meu nariz coce e eu tenha que parar para saudar um dos grandes mecanismos de transporte da natureza: o espirro.

O espirro é realmente fenomenal: tão útil para o corpo, limpando seus dutos de ventilação e impedindo o acúmulo de partículas de poeira. Tão banal em sua ocorrência e, ainda assim, tão gratificante para quem o executa. É a única função corporal que nunca falha em nos valer desejos de saúde por parte dos amigos; e apesar de não ser uma visão particularmente atraente, não é uma verdadeira maravilha da coordenação e potência muscular podermos emitir aerossóis de líquidos corporais a uma distância de 3m, a 150km/h? Certamente que sim, e este último fato não passou despercebido para os micróbios dedicados a fincar residência nos alvéolos de nossos pulmões ou a se esconder nas dobras da nossa traqueia. "Você disse 3m?", imagino-os perguntando. "Ora, isso para nós é o equivalente humano de uma viagem de graça até Fiji! Vamos fazendo as malas, pessoal!"

As Linhas Aéreas Espirro sempre foram um modo popular de transporte microbiano: muito antes do surgimento da humanidade, os microrganismos já passavam zunindo de um sistema respiratório a outro, sendo expelidos forçosamente de um animal e inalados inadvertidamente por outro.*

* Fato científico inteiramente inútil: as vacas espirram sete vezes mais que os humanos.

Os espirros são desencadeados por um reflexo. A irritação do nariz ou das vias aéreas ativa o nervo trigêmeo, que emite então um sinal para o centro do espirro, no cérebro. Esse centro coordena todas as respostas musculares envolvidas no processo e, com alguma sorte, a causa da irritação será expulsa do organismo.

Que maneira esplêndida de viajar — uma coceirinha, e lá vamos nós! Toda a maquinaria já está posta em seu lugar, esperando apenas que o vírus do resfriado ou da gripe seja detectado pelo sistema imune: vem então a inflamação, as vias aéreas se enchem dos materiais inflamatórios habituais, produz-se irritação e *voilà* — um espirro leva o nosso vírus a outra parte, para conquistar narizes novos e inexplorados.

Esse processo poderia ser considerado um ato de manipulação por parte do vírus? Ele se beneficia de algo que já aconteceria de qualquer forma (o processo inflamatório), mas teve essa intenção? O vírus oferece alguma contribuição para o processo? Os patógenos (microrganismos causadores de doenças) frequentemente empregam mecanismos para evitar reações imunológicas; seria este o caso de um vírus comprando briga voluntariamente?

Em certo nível, a pergunta não faz sentido: vírus não têm nenhuma *intenção*; eles não passam de um pouco de DNA dentro de um envelope proteico. Em outro nível, perguntar se os vírus desenvolveram uma maneira de exacerbar ativamente o processo inflamatório faz um pouco mais de sentido, mas é uma pergunta muito difícil de responder. Como a inflamação é o resultado da luta do corpo contra um invasor, como podemos saber se um vírus está induzindo ativamente a inflamação (para provocar o espirro) ou simplesmente lutando pela própria sobrevivência, o melhor que consegue?

Não sei a resposta. E me arrisco a dizer que ninguém sabe. Vou me arriscar ainda um pouco mais e sugerir que não há resposta — são apenas duas formas complementares de observar a situação. Em um nível evolutivo, uma espécie viral buscará um equilíbrio ideal entre não causar problemas (para poder sobreviver e se reproduzir dentro do hospedeiro) e justamente causá-los (para se disseminar para outro hospedeiro). Esse equilíbrio não é fixo: ele se altera continuamente, respondendo ao ambiente em que se encontra o vírus (nossas vias aéreas e processos imunes), que também está em um estado contínuo de mudança e resposta; e assim prosseguimos, em uma briga incessante.

Filosófico demais? Compensemos, então, com uma digressão mais grosseira: os restos ressecados dos processos de inflamação respiratória se depositam no nariz. Habitualmente chamados de "melecas", trata-se de restos celulares e remanescentes de bactérias e vírus.* Uma respeitada opinião médica sugere que comer a própria meleca pode efetivamente estimular o sistema imunológico e ser bom para a saúde. Outros médicos, devo acrescentar, discordam. Você pode fazer o que quiser com essa informação; porém, para sua própria segurança, evite transmiti-la a qualquer pessoa com menos de 12 anos de idade enquanto estiver perto dos pais da criança.

Mais ao sul do nariz, outra via de saída muito popular pela qual os micróbios escapam do corpo humano é a porta dos fundos. Quando o micróbio causa diarreia, essa saída se torna muito veloz. A diarreia é uma condição que provoca muito sofrimento e resulta em um número assustadoramente elevado

* As ruínas deixadas pela batalha da narina, envoltas em muco.

de mortes em todo o mundo (especialmente em crianças, que são mais suscetíveis à rápida desidratação). Para diversos microrganismos, essa é uma forma muito útil de se dispersar, pois com isso eles têm uma boa chance de alcançar e contaminar uma fonte de água potável. Mais uma vez, um processo saudável de limpeza do organismo (o piriri é uma maneira muito útil de eliminar comida estragada, por exemplo) é subvertido pelos micróbios para favorecer seus propósitos odiosos.

Inventando a roda

Falamos de infecções sem parar e por um bom tempo, e está começando a soar como se os micróbios não fizessem nada além de infectar outros organismos. A grande maioria deles, porém, jamais se preocupa em infectar coisa nenhuma; em vez disso, preferem viajar por aí usando seus próprios mecanismos de locomoção.

Uma grande variedade de micróbios desenvolve uma projeção longa e delgada chamada flagelo (muitas vezes mais longo que o resto do micróbio) que constitui seu método de propulsão. O flagelo é formado por mais de 20 componentes separados, montados do lado de fora da célula microbiana (com o auxílio de outros trinta e poucos componentes), e contém, como parte integrante de sua estrutura, algo que pode ser considerado a primeira roda operacionalizável da história, surgida algumas centenas de milhões de anos antes da Idade do Bronze.

Há flagelos com muitas formas e tamanhos, mas o formato básico é muito comum, portanto vou usar o conhecido *E. coli* como modelo:

A parte mais visível é a longa estrutura parecida com um chicote composta por uma proteína chamada flagelina. Na ponta, há uma proteína de revestimento, e no outro lado se encontram proteínas de ancoragem que o mantêm preso à célula. Na base vê-se um grupo proteico que atua como uma série de rolimãs, canais e todo tipo de coisa (tecnicamente falando) cuja função é manter o flagelo em movimento, além de construí-lo e consertá-lo sempre que possível. A estrutura como um todo é basicamente um motor movido a prótons que funciona em círculo, girando o chicote como um propulsor para movimentar o *E. coli*.

Podemos ver muitas variações sobre o mesmo tema em outros organismos. As arqueias, por exemplo, possuem uma estrutura para executar a mesma função, com uma aparência quase igual, mas na verdade muito diferente. Os eucariotos (um grupo variado de organismos que inclui amebas, carvalhos, sapos, eu e você) também têm flagelos, que se organizam de maneira muito diferente, mas desempenham as mesmas funções — o exemplo mais famoso são os espermatozoides, que giram feito doidos para ganhar a corrida da fertilização e da vida.

Os flagelos do *E. coli* têm um mecanismo interessante, semelhante a um interruptor, que lhes permite inverter a rotação. Esse dispositivo está ligado a um equipamento (mais proteínas) que percebe a presença de substâncias químicas e as condições da água na qual a célula está nadando, alterando assim o propulsor da forma mais adequada. O efeito é chamado quimiotaxia: essencialmente, trata-se da capacidade do organismo de se mover na direção de uma fonte de moléculas pelas quais ele se sinta atraído, como os alimentos, ou, se necessário, de se afastar de algum perigo. É o equivalente microbiano do nariz — ele se aproxima de cheiros bons e se afasta de cheiros ruins —, e talvez sirva como uma pista sobre a possível origem de nosso sentido de olfato. Há também a fototaxia (o movimento de um micróbio para perto ou longe da luz), e recentemente foram descobertos outros tipos de sentidos bacterianos: a magnetotaxia, movimento de um micróbio em resposta a campos magnéticos; e a elasticotaxia, resposta de um micróbio à tensão física.

A primeira coisa a se observar sobre os flagelos é que suas reações não são governadas por um cérebro: são apenas proteínas sentindo o ambiente e um motor em movimento.* Atração impensada.

A seguinte é observar o que eles fazem quando *não* estão se movendo em alguma direção. Voltando ao nosso *E. coli*, por exemplo: ele avança um pouco, engata a marcha a ré por um segundo e então avança no sentido contrário. É exatamente o que acontece se você puxar o freio de mão ao dirigir em alta velocidade em uma superfície molhada (não se esqueça de que estamos na água): o bicho se move à frente, derrapa, muda de direção e o processo recomeça. Esse comportamento é chamado de "tombamento", e os cientistas imaginam se tratar de uma maneira pela qual o micróbio verifica o ambiente, dá uma voltinha e então segue em uma nova direção, na esperança de

---

* Nos seres humanos, apenas um pequeno número de atalhos neurais não envolve o cérebro. Um exemplo: quando você toca algo quente, sua mão se mexe antes que a mensagem "AAAAIIIII" chegue ao cérebro, que então processa a informação e envia uma resposta. Se você fosse esperar pela mensagem do cérebro, sua mão ficaria bem torrada. Os neurônios sensitivos da mão se comunicam diretamente com os neurônios motores, que desencadeiam um rápido espasmo muscular. É algo como uma resposta à prova de idiotice.

encontrar algum cheiro bom. Os matemáticos dão a isso o nome de "andar aleatório", e provaram que dessa maneira um micróbio consegue, e naturalmente irá, chegar a qualquer parte.

Criaturas unicelulares usam flagelos para se locomover, assim como os demais micróbios; mas organismos mais complexos muitas vezes utilizam estruturas chamadas cílios, semelhantes aos flagelos, para transportar *outras* coisas. Nossas vias aéreas, por exemplo, são revestidas por uma grande quantidade de células que movimentam seus cílios em ondas coordenadas de modo a transportar o muco e outros elementos externos desagradáveis em direção ao exterior, o lugar que lhes cabe, mantendo os pulmões bonitos e limpinhos. Dentro dos nossos ouvidos, os cílios são receptores do som, movendo-se quando as ondas sonoras os atingem e retransmitindo então o sinal. Essas estruturas são úteis em muitas partes de nosso corpo, como nossos olhos, narizes e rins — lugares estranhos para encontrarmos antigos propulsores, mas a natureza é assim mesmo.

Irredutivelmente maçante

Antes de avançarmos mais um pouco, permita-me uma breve digressão política. O flagelo bacteriano é realmente uma maravilha da engenharia natural, a tal ponto que ainda não sabemos ao certo como ele chegou a se formar. Este último fato gerou nos últimos anos uma inesperada publicidade para algo que, de outra forma, seria uma área de investigação bastante obscura. A complexidade da estrutura e da função do flagelo tem servido como munição argumentativa para defensores da teoria do design inteligente, que alegam, até onde consigo entender, que, como ainda não conseguimos compreender como o flagelo evoluiu, jamais conseguiremos. E que, portanto, devemos desistir de tentar e concluir que uma força superior deve estar em ação nesse caso.

Não vou me aprofundar nesse debate, já que estamos tentando nos divertir, e me parece que política é um conceito diametralmente oposto à ideia de diversão, mas preciso explicar por que isso é política e não ciência. Trata-se de uma batalha entre doutrinas. Os defensores do design inteligente alegam que a afirmação "nunca saberemos" é cientificamente legítima. O resto da comunidade científica diz que tal afirmação é justamente tudo que a ciência *não é*. O debate em si não é ciência; é uma luta de poder quanto ao significado do termo "ciência", na qual uma visão não científica tenta forçosamente se incluir sob o rótulo "ciência" com o objetivo de ganhar respeitabilidade. É uma dinâmica de marcas. Nada diferente, em princípio, de uma pílula dietética fitoterápica que alega ser "cientificamente comprovada" com o objetivo de aumentar as vendas. Isso também mostra, ironicamente, o peso do selo de qualidade "ciência" junto ao público, e não sei ao certo se isso é sempre positivo.* O debate não está preocupado com o flagelo em si (que todos os envolvidos parecem aprovar). Além disso, para mim, todo esse tema é bastante bobo e maçante, mas eu gostaria de contar uma história oriunda de uma fonte inesperada, que talvez possa influenciar o assunto.

Um renomado rabino explicou certa vez o motivo pelo qual ele (e o judaísmo ortodoxo em geral) não tenta provar a exis-

* Este sou eu, escrevendo sem refletir muito sobre o assunto. Minha nossa!

tência de Deus por meio do debate lógico, como fazem às vezes outros líderes religiosos. O que ocorreria, perguntou ele, se posteriormente fosse encontrado um erro na prova? Isso negaria a existência de Deus, ou diminuiria a força da minha devoção? A crença no Todo-Poderoso é um axioma, não uma conclusão lógica.

Ainda que eu não compartilhe das crenças religiosas do rabino, concordo com ele nesse ponto em particular. Algumas décadas atrás não éramos capazes de explicar adequadamente a existência de coisa alguma. Agora, não somos capazes de explicar inteiramente a evolução do flagelo. Com a velocidade dos avanços na compreensão científica que observamos atualmente, ancorar nossa visão de mundo à complexidade irredutível do flagelo me parece ser uma aposta de prazo muito curto.

Os incríveis irmãos xanthus

Parte 1: o bonde

Pequenos rotores não são, de maneira nenhuma, o único mecanismo utilizado pelos micróbios para se locomover. O *Myxococcus xanthus* (*Myx.*) é um exemplo. Ele não é muito famoso, já que tem pouca relação com os humanos, mas isso é uma pena, pois é um germe fantástico.

O *Myx.* vive no solo, portanto se move sobre superfícies sólidas em vez de nadar no líquido. Mas, para fazê-lo, utiliza um formidável sistema bimotor de propulsão. Cada célula de *Myx.* tem dois motores — um deles empurra, o outro puxa — utilizados para se movimentar sobre a superfície (ou sobre outras células de *Myx.*, como veremos em um instante).

O primeiro deles, chamado motor S, é formado basicamente por fímbrias. Assim como os flagelos, as fímbrias são estruturas semelhantes a chicotes, mas formadas por proteínas diferentes e dotadas de funções muito distintas (inclusive, por sinal, o sexo — mas você não está interessado nisso. Ah, está? Tudo bem, então voltaremos ao tema mais tarde). No *Myx.*, essas fímbrias podem ser até seis vezes mais longas que a bactéria em si, portanto sobressaem por uma das extremidades do microrganismo. A ponta de cada fímbria gruda na superfície da célula e esta dá um repuxão à frente, como um alpinista horizontal puxando uma corda com um gancho na ponta.

Na outra extremidade celular, o bocal do chamado motor A, o segundo deles, secreta uma substância pegajosa que aparentemente ajuda a empurrar a célula. Os cientistas ficaram intrigados com esse mecanismo e propuseram diversas explicações; uma delas é algo que só consigo descrever como um jato de gosma: um sistema de propulsão que faz jorrar uma gosma, causando o movimento da bactéria na direção oposta, exatamente como um foguete ou uma turbina. Descobertas recentes substituíram essa ideia literalmente repulsiva pela visão de que o motor A é um ordenado arranjo de pontos de adesão formados constantemente ao longo do corpo do *Myx.*, permitindo que a célula empurre a superfície externa e avance em um movimento em espiral. Esses complexos de adesão são então desmontados ao final da célula. É uma teoria bastante elegante, mas não explica satisfatoriamente a necessidade da gosma. Hmm.

Ocasionalmente, o *Myx.* sente vontade de se mover na direção oposta, então engata a marcha a ré: a maior parte da maquinaria para os motores é encontrada nas duas extremidades (mais ou menos como em um bonde), portanto o motor S é desligado em uma ponta — as fímbrias se retraem para o interior do corpo da célula — e é ligado na outra, de onde brotam novas fímbrias. O mesmo acontece com o motor A, e o *Myx.* desliza serenamente na direção oposta, deixando um rastro de grude atrás de si.

Parte 2: o enxame

O *Myx.* é uma bactéria predatória que caça outros micróbios em enxames: milhões de células de *Myx.* formam um único bando de caça e utilizam seus sensores para descobrir para onde se dirigem seus "irmãos" e os seguir. Os rastros de gosma que deixam para trás permitem que outros *Myx.* avancem mais rápido pelo mesmo caminho. O resultado é uma bolha de aspecto alienígena que cresce em todas as direções até localizar uma presa, estende um "braço" em direção à colônia de bactérias indefesas e a engole. Se fossem maiores, provavelmente ouviríamos um *glup!*

Mas, enfim, como é que as bolhas podem sentir alguma coisa? Bem, as bactérias não têm olhos nem ouvidos, portanto o *Myx.* utiliza outros sentidos para encontrar sua presa: a quimiotaxia ("cheirar" os nutrientes) ou a elasticotaxia (usando a própria inclinação do solo para detectar a tensão criada pelo peso da presa — pense em uma pedra sobre um lençol esticado).

O enxame não se limita a borbulhar durante sua caçada: uma grande coordenação tem lugar do lado de dentro, e o modo como as células se comunicam e definem os papéis de cada uma é algo que ainda estamos investigando. O que sabemos é que em seu interior são transmitidos muitos sinais químicos e, aparentemente, os rastros de gosma têm muito a ver com isso. A gosma talvez funcione como um meio de comunicação mas, pessoalmente, eu ficaria surpreso se essa fosse sua única função.

O *Myx.* tem mais uma característica interessante: quando o enxame encontra outros micróbios, ataca-os, cuspindo substâncias e enzimas nocivas. Ele tem centenas dessas enzimas, e os pesquisadores acreditam que talvez possam usar algumas delas como antibióticos contra os germes que nos causam doenças; ou então, poderíamos simplesmente deixar o *Myx.* solto por aí para que elimine os micróbios de que não gostamos (como os fungos que fazem apodrecer nossas colheitas). Nunca se sabe quando um assassino pode vir a calhar.

Engarrafamentos. Frutas. Mártires

O *Myx.* tem outras cartas na manga: quando há escassez de alimentos, ele utiliza um truque para não morrer de fome. Em áreas nas quais a densidade populacional é muito elevada e há poucos nutrientes, começam a aparecer agregados (ou "engarrafamentos"). Normalmente, quando dois *Myx.* colidem, eles invertem seus motores e se afastam, mas há locais em que um *Myx.* que está seguindo em uma direção fica preso a outro que avança em outra e nenhum dos dois consegue se mexer, por estarem um de frente para o outro, ou um em cima e o outro embaixo, ou ambos presos entre outros dois.

A situação às vezes se resolve sozinha: duas células que estejam saindo do engarrafamento mais ou menos na mesma direção podem se encontrar, sinalizar mutuamente (utilizando um mecanismo especial chamado sinal C, que depende da conexão física entre as duas), alinhar-se uma na frente da outra e passar a se mexer mais rápido. Quando isso acontece mais algumas vezes, o que obtemos é uma fila de conga de *Myx.*, movendo-se nessa formação para longe da bagunça que deixaram para trás.

Porém, se o agregado for grande demais, essas filas de conga passam a se mover em círculos. Os sinais C geram um feedback positivo* que conduz à criação de mais e mais receptores na superfície de cada célula, seguida de uma secreção maior do sinal, até que o nível do sinal C atinge um limiar de concentração. A essa altura, até 100 mil células se organizam no agregado, formando uma estrutura chamada "corpo de frutificação". Dentro dessa estrutura, algumas das células começam a se transformar em esporos — formas adormecidas, inativas e extremamente resistentes, que podem ficar à espera por períodos muito prolongados até que as condições exteriores melhorem. A esporulação é um processo razoavelmente demorado, que pode levar até três dias. A maior parte das células, no entanto, forma a própria estrutura do corpo de frutificação. Trata-se de um empreendimento bastante cooperativo — mortiferamente cooperativo: cerca de três quartos das células participantes morrem durante o processo, provavelmente a fim de fornecer nutrientes a seus irmãos, para que estes possam realizar a es-

* Feedback positivo é uma resposta de um sistema em equilíbrio (condição conhecida como homeostase) em que este, ao receber um estímulo externo, amplia seus efeitos, levando a alterações na condição de equilíbrio (por exemplo, como o que acontece na coagulação do sangue diante de estímulos externos provocados por ferimentos). (N.E.)

porulação. Não se esqueça, estamos em um período de fome, portanto são necessárias medidas extremas caso o *Myx.*, como comunidade, queira sobreviver.

Ninguém sabe ao certo que vantagem a formação desse corpo de frutificação oferece aos esporos. Por que as células de *Myx.* não formam simplesmente esporos comuns, em vez de se darem ao trabalho de construir uma estrutura enorme, complexa e compartimentalizada? Esse corpo de frutificação talvez favoreça a dispersão dos esporos, ou então é possível que as células de *Myx.*, que levam vidas tão cooperativas, prefiram ficar juntas até que os tempos melhorem, haja abundância de comida e elas possam sair de suas conchas. Para mim, a segunda teoria é mais interessante.* Em uma espécie tão social, é natural que uma célula queira ficar com seus camaradas, não é mesmo?

Acho que o argumento já ficou claro: enxergar esses micróbios apenas como indivíduos seria uma simplificação grosseira — eles se comunicam entre si constantemente e atuam juntos de maneiras muito complexas. De certa forma, cada célula participa de algo que é muito maior que a soma de suas partes. Mas deve chegar a dizer que se trata de uma colônia? Uma comunidade? Um superorganismo? Rótulos podem ser complicados nesta área.

Até cerca de 20 anos atrás, a ideia de ver os micróbios como organismos sociais não era muito bem-aceita. Um microrganismo era visto essencialmente como uma célula individual, e suas relações com seus pares se restringiam à competição

* O que, é claro, não tem rigorosamente nenhum valor no que diz respeito à veracidade da teoria.

simples e direta. Mais recentemente, graças ao avanço da tecnologia, a observação de organismos como o *Myx.* fez com que os cientistas passassem a enxergar as interações entre micróbios com mais respeito. Agora, a impressão que temos é que esses bichinhos são capazes de apresentar uma série de comportamentos bastante complexos que envolvem comunicação, cooperação e dissimulação.

Esses achados atraíram a atenção dos estudiosos da evolução, para os quais os micróbios têm o potencial de nos oferecer maneiras simples, rápidas e facilmente mensuráveis de observar o comportamento social e fazermos experimentos com ele. Certamente é muito mais confortável ficar mexendo bactérias em um béquer do que ficarmos escondidos em árvores durante meses a fio, monitorando rituais de acasalamento de rouxinóis ou padrões de agressão de babuínos.* A terminologia dos estudos evolutivos (como "traição", "seleção por parentesco" e "dilema do prisioneiro") está começando a chegar à literatura microbiológica, e as proteínas e plasmídeos bacterianos têm surgido no discurso da evolução social. Cada uma das disciplinas está conhecendo a linguagem utilizada pela outra; os cientistas estão aprendendo a atuar em conjunto, a cooperar, a... espere aí, isso soa familiar...

* Por favor, não me entenda mal: não estou menosprezando estudos evolutivos com macro-organismos, de maneira nenhuma. Todos os aspectos da natureza merecem uma atenção igualmente séria e uma ciência bem feita.

FAIXA BÔNUS Nº 3: Vírgula veloz

Imagine que você é uma bactéria *E. coli* boiando por aí. Tudo vai muito bem: a temperatura está aconchegante, a vizinhança não está apinhada demais, o pH está na medida. Você talvez tenha se multiplicado, portanto está batendo um papo com a sua cópia recém-formada enquanto mastiga uns nutrientes e se prepara para a próxima rodada de divisão.* Tudo está, efetivamente, bem. Então, de repente — *Vruuuum! Tac!*

O que foi isso? Algo pareceu ter surgido do nada, passou voando perto de você e depois desapareceu.

A boa notícia é que você acabou de ter o privilégio de presenciar a criatura mais rápida do mundo em ação. A má é que ela vai matar você. Droga. No precioso tempinho (três a quatro horas) que lhe resta de vida, você provavelmente ficará ansioso para aprender mais sobre essa fascinante criatura — já que está condenado de qualquer jeito, pode ao menos expandir um pouco seus horizontes.

Você acabou de ser acertado pelo *Bdellovibrio bacteriovorus* (*Bdell.*). Ele se parece muito com uma pequena vírgula, mas é uma bactéria predatória que

---

* — *Eu* sou o original, *você* é a cópia.
— Não é, não.
— Sou, sim.
— Não é, não.

ganha a vida comendo outras bactérias, e por isso ganhou esse nome, "bacterívoro". Não é o único tipo de bactéria que faz isso — acabamos de aprender sobre o *Myx.*, por exemplo, com seus métodos de caça semelhantes aos de uma alcateia —, mas o *Bdell.* prefere uma abordagem mais direta: seu método de ataque preferido é uma carga solitária, como um torpedo, diretamente para cima da presa. Ele cheira áreas ricas em presas (por quimiotaxia) e avança sobre elas com uma velocidade estonteante: o *Bdell.* já foi observado nadando a 160 micrômetros por segundo (meio metro por hora), o que para nós pode não parecer muito, mas que representa cerca de 100 vezes o comprimento corporal do bichinho por segundo. Imagine nadar três piscinas olímpicas em um único segundo, e você irá exigir um exame antidoping mais rigoroso antes de deixar esse cara competir.

O *Bdell.* atinge essa velocidade usando flagelos giratórios (os propulsores em forma de saca-rolhas que vimos anteriormente) que rodam a RPMs impressionantes até que ele encontre uma célula bacteriana, à qual se prende usando um apêndice semelhante a um gancho. O *Bdell.* tem, então, poucos segundos para decidir se quer ficar por ali ou se é melhor encontrar outra célula para invadir; depois disso, a ligação se torna irreversível.

Encerrada a fase de ataque, o *Bdell.* entra agora no modo gatuno: descarta o flagelo, perfura com delicadeza a membrana externa da presa e entra silenciosamente na célula. O *Bdell.* fecha então seu buraco de entrada — não por uma preocupação altruísta com o bem-estar do hospedeiro, e sim para preservá-lo intacto até a próxima etapa.

As bactérias geralmente têm uma membrana externa e outra interna. O *Bdell.* faz seu ninho no espaço entre as duas, chamado "espaço periplasmático", e começa a perturbar realmente a vida da vítima. Em primeiro lugar, secreta enzimas que degradam as proteínas da presa; depois, confisca o DNA da célula, usando sua energia e materiais para se replicar dentro do organismo — que, a essa altura, perdeu a forma original e se tornou esférico, porque o *Bdell.* comeu seu esqueleto.

Agora vemos por que o *Bdell.* teve a preocupação de manter intacta a membrana externa da presa: separado do mundo exterior por essa membrana, ele não precisa dividir sua refeição com outras criaturas, podendo ficar o tempo que for preciso devorando a vítima e se replicando sem ter que se preocupar com interferências externas.

Quando o *Bdell.* sente que a vítima já deu tudo o que tinha que dar, todas as cópias formam flagelos e, mais uma vez, entram no modo de ataque, fazendo explodir a célula vazia e nadando feito o diabo, famintos e prontos para a caça.

O genoma do *Bdell.* foi sequenciado recentemente, e se descobriu que se trata de um genoma bastante extenso e elaborado para um bicho tão pequeno. Os genes a mais provavelmente estão envolvidos na regulação de seu comportamento complicado e lhe dão uma escolha mais variada de refeições: diferentemente dos vírus, que geralmente são bastante específicos com relação aos tipos de células que conseguem infectar, o *Bdell.* pode se banquetear com muitos tipos de bactéria, usando diferentes enzimas para presas distintas.*

Atualmente, com a perda de eficácia dos antibióticos, qualquer coisa que mate bactérias despertará algum interesse prático, e o *Bdell.* se tornou um bom candidato para a terapia antibacteriana devido à sua ampla gama de vítimas, à sua tendência de morrer convenientemente quando não resta nada para comer e ao fato de ele não apresentar nenhum risco aos seres humanos e aos animais (com efeito, foi demonstrado que ele às vezes naturalmente habita nosso intestino).

Como o *Bdell.* passa seus dias em uma associação próxima com o DNA de outras células, também poderíamos supor que se trata de um bom candidato ao estudo da transferência de material genético entre

* Esse é, imagino, o equivalente bacteriano de usar a faca e o garfo corretos no jantar.

células estranhas (um processo chamado Transferência Horizontal de Genes, ou THG); mas o *Bdell.* consegue manter a integridade de seu genoma incrivelmente bem, resistindo ativamente a misturar seus genes com qualquer DNA que esteja flutuando por aí. Isso significa que praticamente nunca sofre grandes mutações, portanto podemos confiar em que irá manter suas características e não nos causará nenhum problema.

Outra descoberta animadora é que o *Bdell.* tem facilidade para atacar biofilmes, que, como mencionamos, estão se tornando um problema bastante complicado em hospitais e muitos outros lugares. Talvez ainda faltem alguns anos até o dia em que ouviremos uma enfermeira dizer "Muito bem, vamos passar o spray *Bdello* aqui, só para garantir que está limpo", mas não seria ótimo saber que nosso remédio tem a forma de uma veloz, voraz e destrutiva vírgula assassina?

4. Bichinhos às escondidas

Para sobreviver e prosperar precisamos *ter*, digamos, uma bolsinha de surpresas. Pois, no caso de um micróbio, ele *é* uma bolsinha de surpresas. De fato, o que me fez sentir interesse pela microbiologia foi a gama de coisas que os micróbios conseguem fazer — especialmente aquilo que eles conseguem e nós não, e aquilo que jamais imaginamos que seria possível, até descobrirmos um micróbio que o fazia: fraudes, envenenamentos em massa, sexo bizarro, explosivos, suicídio, crachás de segurança e violentas guerras de processamento de dados são elementos empregados regularmente em sua batalha incessante pela sobrevivência e reprodução.

Bichinhos bomba

Tente imaginar que, por algum motivo, você engoliu acidentalmente uma pequena mas poderosa bomba, que será detonada em seu estômago se você se mexer demais. Agora tenha essa ideia em mente enquanto lhe falo de algo chamado ciclo do nitrogênio.

O ar que respiramos tem cerca de 20% de oxigênio (do qual precisamos) e menos de 1% de quase todo o resto (dióxido de carbono, cheiros, poluentes e outras coisas extravagantes). O que sobra, cerca de quatro quintos de tudo o que respiramos, é nitrogênio. Portanto há um bocado de nitrogênio por aí, falando em termos gerais.

O nitrogênio, em sua forma atmosférica, é um gás (quase) inerte, ou seja, não é muito ativo quimicamente. Uma molécula de nitrogênio no ar fica apenas flutuando por aí, cuidando da própria vida. O oxigênio, por outro lado, é um gás quimicamente ativo: provoca incêndios e corrói metais, por exemplo.

Quando respiramos, nossos pulmões absorvem o oxigênio que será usado pelo corpo, mas o nitrogênio é simplesmente exalado de volta — talvez pensássemos que o organismo humano poderia usá-lo, mas isso é algo difícil de fazer, porque as moléculas de nitrogênio são formadas por dois átomos do elemento ligados muito fortemente, sendo difícil separá-los. Entretanto, apesar disso, todos os seres vivos dependem do nitrogênio: ele é uma parte importante de todas as moléculas de DNA, das proteínas e de praticamente todo o resto. Então, como transformá-lo em uma substância que *possa* ser usada? Naturalmente, bactérias fazem esse trabalho.

As bactérias fixadoras de nitrogênio possuem uma maquinaria que transforma o nitrogênio atmosférico em outras moléculas mais, digamos, *user friendly*, de fácil operação — especialmente no íon amônio.* Essas bactérias conseguem tudo mais de que necessitam nas raízes das plantas, com as quais vivem no chão, em simbiose. Os vegetais obtêm seu nitrogênio em uma forma utilizável; nós, animais, o conseguimos ao comermos plantas e outros animais e, quando já terminamos de nos utilizar deles, devolvemos o nitrogênio ao solo — seja por meio da urina, de outras excreções ou como parte do corpo do animal morto —, onde será reutilizado. Todos acabam felizes. Ou mortos.

* Essas bactérias, no entanto, não serão o assunto principal desta seção.

Porém, se essa fosse a história toda, o nitrogênio do ar teria se esgotado muito tempo atrás. O motivo pelo qual isso não acontece é que outros organismos (as bactérias desnitrificantes) utilizam os compostos de nitrogênio para executar seu modo de respiração, e o resultado *desse* processo é o nitrogênio atmosférico.* Ciclo completo.

Ao menos era o que pensávamos. Cerca de dez anos atrás, foi descoberto um novo tipo de micróbio que produz nitrogênio atmosférico a partir do amônio por um método radicalmente diferente, conhecido como *anamox* (oxidação anaeróbia do amônio).** Foi uma grande surpresa. Para os cientistas, foi mais ou menos como se você tivesse descoberto um tio desconhecido morando em sua casa. É claro, agora que foram encontrados micróbios que realizam a anamox, os microbiologistas os estão encontrando em todo lugar.*** Pelo visto, vão acabar sendo úteis por toda parte, especialmente em usinas de tratamento de esgoto, onde será muito apreciada sua capacidade de transformar os gases nocivos de amônia em nitrogênio, que é inofensivo. Esses organismos não precisam de oxigênio nem de energia para limpar o amônio presente no esgoto, portanto haverá uma grande economia energética e de equipamentos nas novas usinas que os utilizam e que logo estarão tratando os produtos do que fazemos no banheiro, tanto o número um como o número dois.

---

* Este tampouco será o assunto principal desta seção. Paciência, pessoal.

** Este é, finalmente, o assunto principal desta seção.

*** É muito difícil encontrar algo se você não conhece sua aparência, o que ele faz, o que é ou até mesmo se existe — especialmente quando é tão pequeno quanto um micróbio.

Isso é interessante de uma maneira séria e adulta, mas não é muito divertido. Eis a parte bacana: ainda não sabemos muito bem por que, mas ao que parece, para que esses micróbios executem seu truque químico, eles precisam produzir hidrazina. Não ficou impressionado? Nem mesmo se eu disser que hidrazina é o nome de um combustível de foguetes?

Esta descoberta foi um grande choque para todos: ter uma fábrica que lida com substâncias químicas altamente explosivas em nossa vizinhança já é um grande motivo de preocupação, mas ter uma dessas *dentro do nosso corpo*? Droga!

Além de ser sabidamente instável e perigosa, a hidrazina se difunde com muita facilidade, podendo causar vazamentos na maior parte dos recipientes de armazenamento comuns. Isso dá grandes dores de cabeça aos projetistas de foguetes quando precisam arrumar um jeito de armazená-la sem que vaze, portanto não é de surpreender que a maneira bacteriana de lidar com o problema também seja bastante engenhosa: os microrganismos armazenam a hidrazina em uma estrutura membranosa interna muito densa e incrivelmente complexa, feita de anéis de carbono unidos uns aos outros. Ninguém sabe ainda como as bactérias os produzem, mas aparentemente sabem fazê-los muito bem, pois elas não ficam explodindo o tempo todo, e também não precisam se mexer muito devagar, cheias de cuidado, como você faria se tivesse uma bomba na barriga.

Cortadores pensadores

As bactérias também ficam doentes, sabia? E quando um micróbio espirra, ele explode. Esta é a história daquelas que talvez sejam as menores guerras do mundo, e gira em torno de um grupo muito grande de pequenas criaturas chamadas bacteriófagos (ou fagos).

Os bacteriófagos (cujo nome significa "comedores de bactérias") são vírus que infectam — adivinhe — bactérias. Basicamente, são como a maior parte dos vírus: possuem um revestimento externo feito de proteínas e algum material genético (geralmente DNA) em seu interior. Como você já deve ter imaginado, são muito, muito pequenos.

Há muitos tipos de fagos, e cada uma dessas categorias geralmente infecta somente uma espécie de micróbio (ou talvez umas poucas). Os fagos provavelmente possuem a maior contagem populacional dentre todas as criaturas do mundo (ninguém se dispôs a contar as cabeças individualmente, é claro). Podemos encontrá-los onde quer que existam hospedeiros, o que significa, como você já sabe, qualquer lugar.

Um fago que consiga entrar em uma bactéria possui dois métodos para infectá-la.

O primeiro, chamado ciclo lítico, consiste em assumir o controle dos processos internos do hospedeiro e passar a produzir centenas de cópias de si mesmo; a pobre célula então explode (geralmente) e o vírus se dissemina, buscando outras bactérias que possa infectar.

No segundo método (mais sorrateiro), chamado ciclo lisogênico, o fago integra seu DNA ao DNA bacteriano. Para isso, o vírus corta o elemento genético da bactéria em um certo ponto e insere o seu próprio no espaço resultante. O DNA do fago permanece então ali, sendo copiado juntamente com o DNA do micróbio quando este se multiplica, até determinado momento (presumivelmente, quando considera que as condições estão adequadas para o próximo passo) em que ele passa ao ciclo lítico e... *cabum*!

As bactérias não aceitam tudo isso tranquilamente. Elas possuem muitas defesas contra situações desagradáveis como essa — uma espécie de sistema imune em miniatura, digamos assim. Entretanto, como ocorre com qualquer força de segurança, esse sistema imune se depara agora com o problema de reconhecer o que deve ser atacado — como diferenciar o que é "próprio" do que é "invasor". O método bacteriano para fazer essa diferenciação é um processo chamado sistema de restrição-modificação (SRM). Há duas enzimas envolvidas nesse processo. A primeira se dedica a marcar todo o DNA bacteriano (com um grupo químico muito simples). A segunda enzima corta (ou "restringe") qualquer DNA que não esteja marcado. Dessa forma, o DNA marcado da célula está a salvo da destruição; mas quando um fago a invade, seu DNA não marcado é imediatamente reconhecido e partido em pedaços. Fim de papo.

É claro que, na vida, nada é tão simples. Os fagos possuem toda uma série de mecanismos para driblar esse sistema: atacam as enzimas da bactéria para que estas não consigam marcar nem restringir, utilizam um tipo de material genético inteiramente diferente (o RNA, ou o DNA de fita única) para que as enzimas não o reconheçam (o DNA bacteriano, assim como o nosso, possui uma fita dupla) e assim por diante, incessantemente, ao longo de eras, medidas e contramedidas.

Os cientistas adoram os fagos por muitos motivos: são uma ferramenta útil para produzir DNA para fins de pesquisa e oferecem um meio muito simples para estudarmos os vírus e desvendarmos modelos matemáticos de infecção (uma espécie de "epidemia de proveta").*

Uma prática muito interessante, a terapia fágica, utiliza fagos para atacar bactérias indesejadas — uma abordagem do tipo "o inimigo do meu inimigo...". Essa terapia foi estudada durante muitas décadas na antiga república soviética da Geórgia, mas recentemente, agora que os antibióticos estão se tornando cada vez menos eficazes, muitos pesquisadores estão começando a pensar seriamente nesse método como a próxima grande arma contra bactérias causadoras de doenças. E tem havido algum progresso na área: por exemplo, foi desenvolvida uma interessante terapia fágica contra *Listeria*, o patógeno demolidor de paredes.

Um dos aspectos mais úteis de tudo isto, porém, vem das próprias enzimas do SRM. Em praticamente qualquer geladeira de qualquer laboratório do mundo que lide com DNA haverá algumas dúzias de tubos com enzimas purificadas do SRM, compradas de um distribuidor. Elas vêm em centenas de variedades, cada uma isolada a partir de diferentes bactérias e capaz de cortar o DNA em um local específico da sequência. São incrivelmente práticas para os cientistas: eles pegam um pouco de DNA, colocam-no em um frasco com um pouco da

* Não é mole ser virologista: os vírus só crescem dentro de hospedeiros, portanto eles precisam constantemente manter animais, ou células animais, para serem infectadas. A maior parte do tempo de um virologista é gasta cuidando de culturas de células animais delicadas e temperamentais, que podem morrer se você olhar feio para elas. Os bacteriologistas, por outro lado, conseguem cultivar garrafas inteiras de seus espécimes da noite para o dia, sem problema nenhum.

enzima e vão almoçar. Quando voltam, a enzima cortou cada molécula de DNA exatamente onde o cientista queria, tornando sua manipulação laboratorial infinitamente mais fácil e rápida; e todos ficam felizes.

Exceto, talvez, as próprias bactérias. Veja, o problema com medidas de segurança é que é muito difícil parar de usá-las. A enzima cortadora é mais estável que a enzima marcadora, o que a faz durar mais tempo dentro da célula; portanto, se o micróbio parar de produzir as duas enzimas, a primeira delas continuará presente depois que a outra já tiver sido desativada e desmantelada. A cortadora, então, cortará o DNA não marcado pertencente à própria bactéria, com resultados letais para o micróbio. Assim, mesmo que não haja fagos por perto, a bactéria ainda possuirá essas enzimas, passando-as adiante ao se multiplicar. Ela pode ter reduzido o risco de invasão externa, mas terá dificuldade para se livrar dos guardas.

Computadorzinhos agitadinhos?

Eu estava caminhando pela mata da Tasmânia com minha amiga Miki, admirando a paisagem e conversando sobre tudo ao mesmo tempo, como de costume. Em certo momento, começamos a comparar sistemas de informação — eu falava de DNA e ela, uma *nerd* extraordinária, falava de TI, tecnologia da informação. Acabamos por descobrir (enquanto escorregávamos distraidamente na lama vez ou outra) que praticamente todo truque natural que eu conseguia mencionar tem um paralelo nos sistemas computacionais criados pelos seres humanos, e vice-versa.

É curioso. A tecnologia de computadores começou a se fazer sentir presente perto do final da década de 1940. A biologia molecular (o nome confuso dado à área da biologia que lida, na prática, com o conteúdo informacional dos seres vivos) ganhou proeminência mais ou menos na mesma época, com a elucidação da estrutura do DNA por Watson e Crick. Em ambos os casos, apesar de os avanços dessas áreas terem toda uma história — eles não surgiram do nada —, a verdadeira explosão de desenvolvimento começou aproximadamente nessa época, e ainda persiste.

Posso pensar em muitas explicações possíveis para esse fato, a começar pela pura coincidência, seguindo então para explicações mais intrincadas, como o enorme surto geral de avanços científicos e tecnológicos gerados pela Segunda Guerra Mundial. A biologia molecular depende de computadores para processar e analisar seus dados biológicos, portanto é natural que as duas áreas tenham progredido juntas.* Pessoas mais sábias que eu provavelmente conseguiriam apresentar razões ainda melhores.

Ainda assim, é algo que me deixa desconfiado. A ideia básica por trás da ciência dos computadores é bastante semelhante à compreensão que temos dos mecanismos genéticos, o que nos permite utilizar metáforas baseadas nos computadores ao pensarmos em genes. Eu mesmo fiz isso, no primeiro capítulo. Poderia ser um caso de abuso das analogias? Estaremos, enquanto cultura, um pouco deslumbrados com os paralelos entre as duas

---

* Umas poucas gerações atrás, se um pesquisador quisesse comparar duas sequências semelhantes de DNA, teria de analisá-las meticulosamente, letra por letra. Análises mais complexas eram terrivelmente difíceis. Hoje em dia, basta um clique com o mouse.

áreas? Será que os pensadores do futuro olharão para os séculos XX e XXI e dirão que os avanços espetaculares na tecnologia da informação tiveram, como um lastimável efeito colateral, em certa medida, o estreitamento dos pontos de vista dos cientistas da época? Será que pensaríamos da mesma maneira sobre o DNA se não tivéssemos computadores por perto? Eu queria saber a resposta para essas perguntas. É tentador pensar que nós, os do aqui e agora, finalmente desvendamos o real funcionamento da natureza. Mas as gerações passadas pensaram o mesmo, com a mesma dose de convicção, e veja só como estavam erradas.

De todo modo, a natureza de fato produz uma gama incrível de proezas informacionais. São tantas, que vou mencionar apenas algumas das que ocorrem nos micróbios. Para despertar o seu interesse, vamos começar falando de sexo e morte.

Problemas conjugais

As bactérias são famosas por não fazerem sexo. É verdade, elas são conhecidas por interferirem de maneiras bem desagradáveis na vida sexual de outras espécies, mas na hora H, uma bactéria não é exatamente uma máquina sexual. Diferentemente dos fungos (de cujas complexas vidas sexuais não falaremos aqui, por medo de não conseguirmos encontrar o caminho de volta), uma bactéria conduz seus arranjos reprodutivos de maneira solitária, procriando por divisão e redivisão sem necessidade de nenhum auxílio externo.*

* Você estava esperando uma piada grosseira neste ponto? Tsc, tsc, que vergonha...

Entretanto, parece que a história não acaba aí. Descobriu-se que as bactérias na verdade apresentam práticas sexuais. Que não são, lamento dizer, do tipo recatado e respeitável. Os micróbios tendem a fazer sexo de uma destas três maneiras: de um modo distintamente necrófilo; por meio de terceiros; ou de um maneira que começa como uma relação sexual, mas termina como uma operação de mudança de sexo.

O sexo, em sua forma mais básica, pode ser descrito como uma ação que leva à troca de material genético entre indivíduos. Nos seres humanos, um espermatozoide carrega um conjunto completo de genes, que se unirá a outro conjunto completo, contido no óvulo. Ambos os conjuntos contêm combinações únicas de variedades de genes (chamados alelos), unindo-se para produzir o genoma completo que gera criações soberbas e maravilhosas, como você (ou criações menos arrebatadoras e ligeiramente maltrapilhas, como eu).

Em bactérias, a equação normalmente não é tão elegante. Em vez de 1 + 1 = (no fim das contas) 1, uma bactéria pode coletar e integrar toda uma gama de pedaços de DNA que encontrar por aí. Em última análise, porém, ainda que os sistemas sejam radicalmente diferentes, a função do sexo em todas as criaturas é a mesma — gerar a variação necessária que assegura a flexibilidade evolutiva.*

É importante esclarecer uma questão. A evolução às vezes é descrita como um processo que avança lentamente de uma mutação para a seguinte, mas essa é uma ideia absurda: ainda que isso descreva o mecanismo básico, na realidade, uma vez surgida uma característica útil para um indivíduo, ela pode se

* Se você puder se divertir um pouco no processo, melhor ainda.

espalhar muito rapidamente entre organismos e espécies. Um exemplo bom (e muito problemático, para nós) desse processo é o surgimento de bactérias resistentes a antibióticos em hospitais — os genes que conferem resistência podem ser transmitidos não só de geração em geração em uma população bacteriana (o que os biólogos chamam de transferência vertical de genes, ou TVG), mas também entre bactérias de tipos inteiramente diferentes (transferência horizontal de genes, ou THG).

A própria evolução está constantemente evoluindo. Os métodos pelos quais os organismos evoluem também foram se tornando mais elaborados e avançados com o tempo e, em virtude disso, a evolução ocorre atualmente a um passo muito mais rápido e garantido do que na época do surgimento da vida.

A ocorrência da THG também dificulta a vida dos taxonomistas microbianos, os cientistas dedicados a manter um registro das linhagens de espécies (a árvore filogenética, a famosa árvore da vida). No nível microbiano, essa árvore está se tornando rapidamente parecida com um arbusto muito emaranhado. Quando sequências de DNA pertencentes a uma espécie surgem de súbito em outra, a própria definição do termo "espécie" fica um tanto abalada.

Genes sendo transferidos de uma espécie para outra — isso lembra alguma coisa? Quando ocorre na natureza, o processo é chamado THG; quando é realizado artificialmente, em laboratórios, o termo utilizado é engenharia genética (EG) ou manipulação genética (MG); essencialmente, trata-se do mesmo processo.

Independentemente de como o chamemos — sexo, EG, MG ou THG —, o modo mais direto pelo qual ocorre em micróbios é chamado transformação e ocorre quando uma bactéria encontra algum DNA perdido no ambiente que a cerca e o ingere. Quando isso ocorre, o micróbio tem de tomar uma decisão, já que o DNA (como molécula física, não como transportador de informações) também é uma boa fonte de nutrientes para as bactérias. Ela se pergunta: "Eu deveria integrar estas informações às próprias fundações do meu ser, ou simplesmente comê-las?" A resposta? Bactérias diferentes têm atitudes diferentes: muitos tipos não recebem nenhum tipo de DNA externo ("Eca! Quem vai saber por onde isso aí andou?"); outras só se arriscam se for DNA de sua própria espécie; e alguns tipos mais aventureiros experimentam qualquer coisa.*

Uma via mais ordeira, mas ainda assim horrenda, para a transferência de DNA é chamada transdução e envolve bacteriófagos (aqueles vírus que infectam bactérias). Como expliquei anteriormente, os bacteriófagos entram na célula bacteriana e assumem o controle de sua maquinaria replicadora de DNA, passando a produzir DNA de bacteriófago (como fazem todos os vírus). A seguir, envolvem esse DNA em cápsulas proteicas (também produzidas involuntariamente pelas bactérias) e partem para outra célula. Acontece que às vezes o processo pode dar errado: uma parte do DNA da própria bactéria é envolvido por acaso na cápsula viral, que segue então para infectar outra célula, levando consigo alguns genes inesperados. Procriação por terceiros — se você me perguntasse, eu diria que deveria haver uma lei contra esse tipo de coisa.

---

* Esse DNA, por sinal, não vem de qualquer parte: geralmente vem de uma bactéria que acabou de morrer e se desintegrar, o que significa que, no fim das contas, as devoradoras de DNA são saqueadoras ou necrófilas. Felizmente para elas, as bactérias não têm um código moral — apenas um código genético.

O último método de movimento de DNA é o mais perto que as bactérias conseguem chegar do sexo propriamente dito: chama-se conjugação e, desta vez, realmente envolve contato físico consensual entre dois micróbios.

O principal responsável por essa manobra é chamado plasmídeo F. Um plasmídeo é um trecho circular de DNA que não faz parte do cromossomo principal do micróbio. Há inúmeros tipos de plasmídeo (encontrados em muitos tamanhos por todo o mundo microbiano) que contêm todo tipo de gene. O plasmídeo F contém principalmente genes responsáveis por criar e ativar uma "fímbria sexual". Como vimos no capítulo anterior, uma fímbria é um apêndice alongado que se projeta do corpo do micróbio de maneira bastante sugestiva (não é difícil entender por que a célula que tem a fímbria é chamada informalmente de "macho", e a que não tem seria a "fêmea"). Sua função, lamento dizer, é simplesmente a de se prender a um micróbio que esteja de passagem e o trazer para perto. As duas células então se tocam e engatam; um canal temporário se abre, permitindo que uma cópia do plasmídeo F seja transferida para a célula receptora. Ocasionalmente, parte do DNA cromossômico é copiada e transferida com ele — a parte THG do processo. As duas células depois se separam e prometem ligar no dia seguinte, mas não ligam.

Pensando bem, é um encontro bastante inocente, você não acha? Permita-me então deixá-lo com as seguintes perguntas:

1. Se o plasmídeo provoca tudo isso e acaba sendo replicado na outra célula, podemos dizer que o próprio plasmídeo é uma espécie de parasita da bactéria? O sexo bacteriano é o subproduto de uma doença infecciosa? E o que isso nos diz sobre o sexo não bacteriano?

2. Começamos com uma célula "macho" produtora de fímbria e uma célula "fêmea" que não produz essa estrutura. Terminamos com dois "machos". Você já viu algo mais pervertido do que isso?
3. O que quer dizer o "F" de "plasmídeo F"?*

Essa foi a parte erótica. Espero que não tenha estragado seu apetite. Vamos agora mergulhar no profundo abismo da angústia e da mortalidade e examinar o que pode levar o *E. coli* ao suicídio.

Não, não — *você* é a doença e *eu* sou a cura

Comecemos com um fato irrelevante: os genes têm nomes — geralmente curtos e ordinários, como *recA, int, mreB* or *tetG*. A pessoa que descobre o gene ganha o direito de batizá-lo; porém, diferentemente dos organismos, os genes não são batizados conforme as pessoas que os descobriram ou os lugares onde foram encontrados. Seus nomes normalmente são abreviaturas sem sentido, ou têm alguma conexão com sua função. Trocando em miúdos, não são extremamente criativos.** Como amante de historinhas sem sentido, fiquei fascinado ao saber o motivo por trás do gene *mazE*: as pessoas que o descobriram não sabiam, a princípio, o que esse gene fazia, portanto o chamaram "*Ma ze*", que significa "O que é isto?" em hebraico.

* Eu sinceramente não sei.

** A não ser, por algum motivo, nas moscas de fruta, nas quais abundam nomes do tipo *smaug, tinman* ("homem de lata"), *18wheeler* ("carreta") e *technical knockout* ("nocaute técnico").

Posteriormente descobriram sua função, mas o nome pegou, e um gene relacionado foi chamado *mazF*.

Esse par de genes desencadeou um debate bastante intenso que fala de egoísmo, morte, autossacrifício e outras questões divertidas, e que não dá sinal de terminar em um futuro próximo. Tudo começou quando *mazE* e *mazF* foram encontrados juntos, à espreita, em um plasmídeo de *E. coli*. Isso não tem nada de incomum; muitos micróbios contêm vários tipos de plasmídeo, com toda sorte de gene dentro deles. Este, porém, era um caso especial. O plasmídeo era viciante.

Foi descoberto que o gene *mazF* codificava uma proteína tóxica para o *E. coli*, e o *mazE* codificava a antitoxina necessária. Os dois genes, em outras palavras, são responsáveis por produzir um o veneno, e o outro, um antídoto.

Em toda célula viva há proteínas sendo continuamente degradadas, enquanto outras cópias são construídas. Em alguns tipos de proteína, a taxa de reposição é alta — as moléculas velhas são substituídas rapidamente por novas. Em proteínas mais estáveis, cada molécula dura um pouco mais antes de partir para o sistema de reciclagem da célula. No caso dessas duas proteínas, descobriu-se que a toxina era mais estável que a antitoxina. Assim, no momento em que a *E. coli* recebia esse plasmídeo (por THG) e os dois genes começavam a fabricar suas proteínas, o micróbio não tinha como se livrar do plasmídeo: se conseguisse fazê-lo, a antitoxina seria degradada rapidamente, a toxina persistiria mais um pouco e a bactéria morreria envenenada, deixando a área livre apenas para seus camaradas que ainda carregavam o plasmídeo. Não é bem cruel?

Esse cenário é um bom exemplo do mecanismo do gene rebelde, no qual um único gene ou um pequeno grupo de genes atua para disseminar mais cópias de si mesmo, com pouca ou nenhuma consideração pelo bem-estar do organismo que ocupa. Neste caso, um plasmídeo — com dois genezinhos miseráveis — torna-se ele próprio um parasita.

E aqui, com um elegante módulo sobre vícios parasíticos, encerrava-se a questão, pelo menos até onde eu sabia. Na verdade, durante os, creio, sete anos desde que ouvi falar da história e escrevi sobre ela, tem havido *progressos*. Coincidentemente, boa parte deles ocorreu em um laboratório a cerca de 20 metros da bancada na qual eu passei uma boa porção dos anos subsequentes. Como os laboratórios podem ser ambientes ilhados, e os projetos de pesquisa muito exigentes, uma doença comum em meu meio, de pesquisadores, é a síndrome da visão em túnel: eu estava tão preocupado com meu próprio projeto que até o laboratório ao lado não passava de uma névoa indistinta. Só recentemente fui descobrir o que estava acontecendo, enquanto lia artigos científicos na internet. Não fiquei muito surpreso ao saber que haviam sido encontrados novos módulos "viciantes" (só no *E. coli* já foi encontrada cerca de uma dúzia de módulos toxina/antitoxina).

A natureza raramente mantém uma só ocorrência de um bom truque. Mas o caso dos genes *mazE* e *mazF* fica ainda mais interessante: descobriu-se que essa dupla também pode residir dentro do cromossomo do *E. coli.* Em outras palavras, o módulo viciante ainda é um rebelde, mas agora está enterrado profundamente, com residência permanente. Por si só, o fato não chega a ser tão estranho. Os genes de um plasmídeo às vezes podem se integrar ao cromossomo, e vice-versa. O que é estranho é que em condições de fome extrema, os dois genes param de produzir suas proteínas, o que resulta na morte do micróbio.

Deixe-me repetir, só para que fique claro: os genes *mazE* e *mazF* colaboram para fazer com que seu dono cometa suicídio em condições de carestia. Não é exatamente o que poderíamos esperar de um par de genes egoístas, você não acha?

Que benefício isso poderia conferir aos genes, ou às bactérias que os transportam? Para mim, a culpa é da sociedade. Em tempos de grandes dificuldades, essas comunidades bacterianas encontraram uma maneira de descartar os mais fracos e com menos chance de sobreviver, permitindo assim que os demais vivam. Um micróbio faminto aperta seu botão de suicídio para não se tornar um peso para os demais em meio a uma pilha de recursos que diminui rapidamente, e até contribui para essa pilha tornando-se comida para seus companheiros (as bactérias, como vimos, não são tão exigentes com o que comem).

É interessante notar que já foi encontrado um gene solitário de *mazF*, esperando ativação, no genoma de um *Myx.* — a bactéria que permite a morte de uma grande quantidade de indivíduos de sua espécie para formar esporos e um corpo de frutificação quando há escassez de recursos. Nos tempos das vacas magras, o gene é ativado nas bactérias que estiverem em pior situação, limitando o tamanho da população. Rompe-se o elo mais fraco.

Outras formas de pressão que desencadeiam a resposta suicida são os ataques por fagos e antibióticos. Acredita-se que a resposta aos fagos seja uma espécie de estratégia de contenção — uma célula infectada se mata para impedir a disseminação da doença a outras células. Esse tipo de resposta também ocorre em nosso corpo, quando as células imunes indicam às células infectadas que morram; ou nos hospitais, onde pessoas com doenças muito contagiosas são mantidas em isolamento.* Que as bactérias façam o mesmo, portanto, não é nenhuma surpresa.

Alguns pesquisadores, porém, acreditam que essa resposta não seja, de maneira nenhuma, um mecanismo de suicídio altruísta. Em vez disso, sugerem que talvez tenhamos nos apressado demais em oficializar essas mortes. As bactérias são tão pequenas que é impossível determinar se uma delas está morta ou não. Por isso, os microbiologistas usam maneiras mais indiretas de avaliar se uma célula está viva, como medir seu crescimento e atividade. Atualmente, suspeita-se que em certos casos, quando as condições externas estão muito difíceis, o *mazF* não mata a célula; o que faz é colocá-la em um estado quase latente — no qual nenhum de seus sistemas está em funcionamento — e a célula fica ali, inativa e sem resposta (portanto morta, para todos os efeitos) até que as condições melhorem. Isso talvez explique por que o módulo não responde aos antibióticos — células latentes não são afetadas por eles. Em outras palavras, a célula não está morta; está apenas descansando.

Qualquer que seja a justificativa geral para os módulos de toxina/antitoxina, eles nos oferecem muitas oportunidades práticas. É bastante útil encontrar uma maneira de convencer um micróbio nocivo aos seres humanos de acabar consigo mesmo — e de fato, sabe-se que um bom número de vilões bacterianos contém esses módulos; portanto, talvez possamos encontrar uma maneira de lhes sugerir que seria melhor se estivessem mortos. Também podemos usar os módulos viciantes como formas de proteção: poderíamos inseri-los em micróbios

* Ou em tempos mais antigos, quando pessoas infectadas pela Peste Negra ficavam presas dentro de suas casas.

geneticamente modificados de modo que o micróbio dependa de certas condições e morra em outras. Dessa forma, micróbios potencialmente perigosos ficariam, com efeito, confinados às condições de laboratório, o que diminuiria a chance de um desses cenários de micróbio-de-laboratório-à-solta que causam tanta ansiedade em certos círculos.

Deixando de lado as questões práticas, persiste o argumento: esse "módulo suicida" será um mecanismo hiperegoísta ou altruísta? Ele mata a célula, ou apenas a coloca em um estado inativo? Ou tudo isso ao mesmo tempo? Frequentemente descobrimos que esta última opção é a correta, mas o quadro ficará mais claro e mais complexo com o progresso das pesquisas.

Enquanto isso, toda esta seção tem sido um tanto depressiva para mim: pensei que estivesse escrevendo sobre um plasmídeo egoísta suicida. No fim das contas, não é egoísta, e não é necessariamente um plasmídeo; e agora, parece que talvez nem sequer provoque o suicídio. Os pesquisadores já entendem melhor esse plasmídeo, mas voltamos novamente à pergunta, *Ma ze?* Tudo isto para trazer a você a versão mais fresca e atualizada da situação. Espero que esteja satisfeito (*snif*).

O fator sigma*

Para um micróbio, a vida é uma batalha constante para prosperar no meio ambiente. As condições externas podem mudar

---

* Este provavelmente é um dos subtítulos mais diretos do livro: surpreendentemente, a seção trata de fatores sigma. Estive tentando achar títulos curiosos e instigantes, mas este já soa como um best-seller de suspense.

rapidamente (e mudam, às vezes de forma drástica), por isso, além de serem muito capazes de sobreviver em certo ambiente, os microrganismos também devem responder a essas mudanças com rapidez e precisão. São auxiliadas, nesse sentido, pelos fatores sigma.

Trata-se de um grupo de decodificadores, dicionários ou chaves criptográficas existentes em muitos micróbios, em sua RNA polimerase. Esta, como você se lembra, é uma enzima que reconhece o lugar exato em que, num organismo, começa um gene específico. Tais localizações são pontos especializados da sequência de DNA chamados "promotores". A enzima se liga ao DNA do promotor, abre-o como um zíper (para poder ler conteúdo das duas fitas) e faz (ou "transcreve") uma cópia em RNA da sequência de DNA, como uma página fotocopiada.

A RNA polimerase é composta por seis subunidades, e uma delas, chamada sigma, tem a função de reconhecer os promotores. A subunidade sigma encontra o promotor e se liga (juntamente com o resto da RNA polimerase) ao DNA. Quando a RNA polimerase já está executando a transcrição de maneira estável, a função da subunidade sigma está cumprida, e ela se solta.

O que ocorre é que os micróbios têm mais de um tipo de fator sigma: o *E. coli*, por exemplo, tem nada menos que oito diferentes tipos. Sob certas condições, a função regular de uma subunidade sigma é assumida por uma das outras. Quando a bactéria é, por exemplo, exposta a temperaturas desagradavelmente altas, a sigma regular é substituída por uma sigma especializada em "choques de calor". Esta alternativa reconhece outro tipo de promotor — aquele situado no início dos genes para proteínas de "choque de calor" que, de uma forma ou de outra, ajudam a célula a lidar melhor com a maior temperatura. Outros fatores sigma são ativados quando a bactéria sente escassez de nitrogênio, ou precisa de mais ferro, e assim por diante.

É um arranjo bem arrumadinho. O amontoado de genes que precisa ser ativado a um certo momento pode estar disperso por todo o cromossomo, mas será convocado por uma única chave mestra.

Mas como a célula sabe quando chegou a hora de trocar de sigma? No fim das contas, essa é uma dessas questões "originais", como "Quem checa o dicionário em busca de erros de grafia?".* O estímulo original geralmente é físico; por exemplo, nos choques de calor, é o próprio calor que provoca o rompimento de uma certa proteína. Essa proteína normalmente está presa ao fator sigma para choques de calor, de modo que, quando ela se solta, o fator sigma consegue entrar em atividade.

É claro que há muitos outros mecanismos em ação, fazendo a sintonia fina da reação microbiana como um todo (afinal, uma regulação eficiente é a chave para o sucesso no mundo celular), mas o baixo custo e os grandes benefícios do sistema de fatores sigma o tornam o grande vencedor.

Capacidade de resposta e flexibilidade são propriedades muito vantajosas para um micróbio. Porém, existe outra maneira de lidar com a questão da sobrevivência. Certamente não é a abordagem mais inovadora, mas às vezes parece funcionar.

---

* Essa questão me preocupou um pouco quando eu era mais novo (eu era esse tipo de criança). Finalmente deixei o assunto de lado quando soube que até Shakespeare escrevia seu nome de várias maneiras distintas. Se ele não se preocupava com a ortografia certa, por que eu deveria me preocupar? Droga, este argumento nunca funcionou com meus professores.

Simplesmente o melhor

O melhor criminoso, diz-se, é o que nunca é pego, jamais é suspeito, nem sequer se ouviu falar dele. Eu sempre imagino um sujeito calado, de aparência normal, que vive alegremente com a mulher e os filhos em uma ilha paradisíaca e ganha uns poucos milhões canalizando para sua conta quantias minúsculas e despercebidas, dia a dia, de um único correntista em um grande banco.* Jamais saberemos se ele existe. Essa é sua genialidade.

O micróbio mais bem-sucedido do mundo faz essencialmente o mesmo: você nunca ouviu falar dele, ele não vai lhe causar doenças, não é espetacular nem muito interessante, e sequer sabemos como é sua aparência. Vive no mar e não precisa de muito, apenas se vira para existir a partir da matéria orgânica morta dissolvida na água. Ele nem mesmo havia recebido um nome decente, *Pelagibacter ubique* (*P. ubique*), até bem pouco tempo atrás, tendo que se contentar com a designação sem graça "SAR11". Sua quantidade é basicamente a única característica notável desse organismo: estima-se que existam 10^{28} *P. ubique* no mundo — ou seja, cerca de 30% de todos os seres vivos. Pense nisso: de cada 10 organismos — besouros, grilos, belgas, morcegos, mosquitos, moscas, germes — três são *P. ubique*. Tomara que eles nunca aprendam a mandar mensagens de texto pelo celular, caso contrário os *reality shows* da TV vão ficar ainda mais esquisitos.

O que faz do *P. ubique* um reprodutor tão bem-sucedido? A resposta curta é: otimização de recursos.** Além de ser bastante pequeno, o *P. ubique* não tem peso morto em seu genoma:

---

* O engraçado é que as feições dele lembravam bastante as suas. Sério.

** A resposta longa é, bem, longa.

possui 1.354 genes (os seres humanos têm cerca de 30 mil, e o *E. coli* tem 3 mil, para efeito de comparação) e nada mais. Muitos outros organismos armazenam algum DNA extra em seu genoma — principalmente genes para proteínas que só são ativadas em certas condições, às vezes uma cópia não utilizada de um gene, um pouco de DNA viral antigo remanescente — como velhas autopeças em uma oficina mecânica. O *P. ubique* não tem nada disso. Existem micróbios com genomas menores, mas são todos parasitas, que dependem de seu hospedeiro para realizar muitas funções. O *P. ubique* não precisa de ninguém além de si mesmo: com seu genoma mínimo, consegue se reproduzir de maneira rápida e eficiente. E costuma fazê-lo.

Genes extras, como expliquei, não são necessariamente ruins: eles geram flexibilidade quando as condições se alteram. Por exemplo, se no ambiente de um micróbio houver uma escassez súbita de um tipo de alimento, um conjunto de genes que lhe permita consumir outro tipo de comida será muito útil. O *P. ubique* utiliza a tática oposta: mesmo que exista uma abundância súbita de comida, ele não poderá usá-la para crescer mais rápido. Se ficar sem comida, ele morre de fome. É um micróbio com uma única estratégia, cuja existência se baseia na aposta de que o oceano não mudará demais. No último bilhão de anos aproximadamente, essa estratégia parece ter lhe permitido continuar na dianteira da corrida.

De Darwin a Cairns, e de volta

O termo "lamarckismo" é visto como uma heresia na biologia moderna. No século XIX, tratava-se de uma teoria popular da evolução, mas então surgiu o darwinismo, que fazia muito mais sentido e, o que é mais importante, provou estar correto. A teoria de Jean-Baptiste Lamarck, por outro lado, ainda é um tanto ridicularizada, sendo frequentemente usada em livros didáticos e universitários sobre evolução para contrastá-la com nossa compreensão sobre o real funcionamento da natureza. Ela afirma que um organismo transmite à sua prole as características que adquiriu durante a vida — dessa forma, o pescoço da girafa vai se alongando à medida que cada geração se esforça por alcançar as folhas mais altas; ou os filhos de um ferreiro nascem com o potencial de terem braços mais musculosos, por exemplo.

Em alguns aspectos, é injusto ridicularizá-la: em termos lógicos, a teoria era tão aceitável quanto qualquer de suas rivais no início do século XIX. Além disso, os professores de evolução tendem a se concentrar nos elementos mais errôneos das teorias de Lamarck, apresentando-as como se todo seu argumento se resumisse a eles.

Mas tudo isso tem apenas interesse histórico. Uma proposição muito mais chocante foi apresentada em 1988 por John Cairns, um professor de Harvard que descobriu indícios de que o *E. coli* se comportava de maneiras que pareciam seguir mecanismos lamarckistas. Isso foi tratado com muita desconfiança. O darwinismo era (e ainda é) uma teoria muito robusta, e os anúncios prévios do retorno do lamarckismo estiveram repletos de motivações políticas: as teorias agrícolas lamarckistas de Trofim Lysenko, por exemplo, adotadas na URSS em meados do século XX, causaram muita pobreza e fome até que os políticos finalmente abandonassem a convicção de que as plantas eram uma espécie de marxista vegetal.

Ainda assim, ali estava Cairns, com um experimento incontestavelmente científico que mostrava que o *E. coli* estava evoluindo muito mais rápido do que o previsto pelos mecanismos aleatórios darwinistas: uma placa de Petri sem praticamente nenhuma fonte de energia além de lactose foi inoculada com bactérias *E. coli* que apresentavam um defeito que afetava sua capacidade de consumir lactose. O defeito foi induzido cuidadosamente, de modo que uma única mutação no local certo o corrigiria. Este era um caso de mutação ou morte: qualquer micróbio em particular que não fizesse seu gene de consumo de lactose voltar à atividade por meio de uma mutação condenaria seus descendentes à morte por inanição em poucas gerações. Os raros revertentes — células bacterianas individuais que revertem a uma atividade que possuíram um dia, mas que agora está perdida — seriam os únicos que sobreviveriam para ver a luz do dia.

Os pesquisadores esperavam, com base na taxa conhecida de mutações, que um pequeno número de bactérias sofresse essa reversão aleatória antes que o resto dos alimentos se esgotasse, tornando-se, assim, usuárias de lactose. Mas o número observado de revertentes foi muito, muito maior — cerca de cem a mil vezes maior que o esperado. As bactérias poderiam, de alguma forma, perceber que havia lactose no ambiente e consertar seus genes para utilizá-la? Um ser vivo poderia alterar ativamente seu DNA para se adequar às condições externas?

Dizer algo assim seria lançar dúvidas sobre um dos dois princípios básicos do darwinismo; mais ou menos como sugerir que as pessoas podem ficar mais altas apenas pela força de vontade. Ainda que a comunidade científica conviva razoavelmente bem com ideias revolucionárias (e, ideologicamente, até as estimule), não é tão simples deixar de lado uma teoria que tem funcionado tão bem por tanto tempo, especialmente se os resultados parecerem sugerir que as bactérias podem fazer algo tão audaciosamente avançado quanto planejar o futuro.

Os resultados de Cairns desencadearam uma boa safra de experimentos e discussão. Em poucos anos, a ideia de que as bactérias tinham capacidade de planejamento foi descartada, com base na ausência de fatos empíricos para sustentá-la, e o fantasma de Lamarck, provisoriamente ressuscitado por um breve momento, pôde descansar novamente. As duas teorias rivais que disputam atualmente o terreno de jogo estão plenamente inseridas no território darwinista.*

A primeira delas é altamente técnica e não será explicada aqui; a segunda postula que, em condições extremamente difíceis, uma bactéria pode mandar a precaução às favas e permitir que seu DNA se torne menos regulado, desligando os mecanismos de reparo de erros, o que faz com que a taxa de mutações dispare. Segundo essa teoria, esse é o motivo pelo qual os revertentes usuários de lactose apareceram de repente na placa de Petri cheia de *E. coli* famintos observada por Cairns.** Esta é certamente uma solução do tipo "mata ou cura"; os seres vivos, como regra, não gostam de mutações embaralhando seu DNA. Há grandes sistemas regulatórios em operação, cuja função é prevenir justamente esse tipo de coisa (você se lembra dos toroides e das compartimentalizações do *D. rad*?). Ainda assim, toda a história da vida sempre foi um equilíbrio delicado

---

* E os defensores de cada teoria se referem aos rivais da maneira breve, fria e formal que é a versão científica da injúria venenosa.

** Por que não surgiram bactérias com mutações não relacionadas à lactose? Porque elas acumularam mutações letais e morreram.

entre estabilidade e mudança, e é razoável presumir que esse equilíbrio esteja sujeito a modificações, se necessário.

Se esta teoria for verdadeira, trata-se de uma notícia potencialmente boa: se conseguirmos localizar precisamente o que desencadeia o aumento nas taxas de mutação, poderíamos produzir medicamentos que atuassem "bloqueando a evolução". Tomados juntamente com um novo antibiótico, esses medicamentos poderiam impedir as bactérias de desenvolverem resistência ao antibiótico. A pesquisa na área do câncer (que é essencialmente uma célula que escapou dos mecanismos regulatórios e acumulou mutações benéficas para si mesma, mas desastrosas para o resto do corpo) também poderia se beneficiar enormemente de avanços nesse campo.

Com tantas teorias e descobertas novinhas em folha, vale a pena lembrar que a ideia de que o ambiente pode aumentar a variabilidade entre as espécies não é nova; o bom e velho Darwin sugeriu, há 150 anos, que isso poderia acontecer.

Mestres do disfarce aleatório

A família *Mycoplasma* é um grupo curioso de micróbios. Estão entre os meus favoritos, ainda que eu provavelmente mudasse de ideia se eles me infectassem — mas, mesmo assim, eu teria de admirá-los por sua capacidade de enganar a maioria de seus adversários, apesar de serem tão pequenos.

Com exceção dos vírus, os *Mycoplasma* são as menores criaturas vivas da Terra. O menor dentre eles, *Mycoplasma genitalium* (*M. genitalium*), é aproximadamente dez vezes menor que a bactéria média e possui um décimo de seu DNA.

Isso gera uma pergunta interessante: como o *Mycoplasma* consegue se manter com tão poucas informações genéticas, quando todos os demais microrganismos precisam de muito mais genes? As outras bactérias por acaso carregam um monte de genes supérfluos?

Até onde sabemos, a resposta à segunda pergunta é "geralmente não". Podemos encontrar DNA aparentemente sem propósito em eucariotos (como os humanos), ainda que não haja nenhuma certeza quanto a essa ausência de função, e descobertas recentes sugerem que esse nosso "DNA inútil" pode guardar algumas surpresas interessantes. Por outro lado, os micróbios costumam ser muito eficientes, e a evolução simplificou bastante seu conteúdo genético, ainda que nem sempre com perfeição.

A resposta à primeira pergunta é que, diferentemente dos microrganismos, os *Mycoplasmas* terceirizam funções: são parasitas obrigatórios, isto é, são obrigados a viver dentro de um hospedeiro e dependem dele para obter todo tipo de material necessário que os outros micróbios geralmente fabricam por conta própria, como ácidos nucleicos e nutrientes. Eles se viram até mesmo sem uma parede celular, que é encontrada em quase todos os demais microrganismos, e confiam em que o ambiente que os cerca permanecerá estável.

Sem um hospedeiro — como uma vaca, uma ovelha, uma galinha ou um humano — os *Mycoplasma* são simplesmente incapazes de viver e prosperar na natureza. Mas os hospedeiros não gostam de ser explorados, e seus sistemas imunes estão preparados para localizar e destruir esses parasitas.

Se o hospedeiro fosse bem-sucedido, a história terminaria aí, mas esse germe utiliza um truque perspicaz, chamado variação antigênica, que acaba por lhe salvar a pele. Funciona assim: os *Mycoplasmas* apresentam em sua superfície celular uma série de proteínas que podem ser reconhecidas pelo sistema imune do hospedeiro. Somente uma delas pode ser apresentada por vez, mas de vez em quando, aleatoriamente, um único germe altera a proteína apresentada. Quando o sistema imune do hospedeiro entra em ação para encontrar os germes, não consegue reconhecer aqueles que apresentam a nova proteína. Os que apresentavam a proteína original são aniquilados, mas os novos germes se veem livres para viver e se multiplicar. Quando o sistema imune é reativado, passando a reconhecer os germes que apresentam a nova proteína, estes geram mais uma proteína diferente; e assim prossegue o ciclo.

No hospedeiro, esse padrão cíclico se manifesta como uma doença crônica, com sintomas que vão e vêm: quando os *Mycoplasmas* se multiplicam e o sistema imune está ativo, os sinais da batalha se manifestam como uma inflamação; o sistema imune triunfa temporariamente, os *Mycoplasmas* são praticamente destruídos e a inflamação diminui; então, os germes que apresentam a nova proteína passam a se multiplicar, e com isso voltamos ao início do processo.

Respirar é uma coisa supervalorizada

Oxigênio, que ideia mais boba: é altamente instável, corrói metais e é perigosamente inflamável. Também é bastante viciante. Tente parar de usá-lo — é impossível. Um elemento realmente detestável.

Reconheço que esse não é o ponto de vista habitual. A maior parte das pessoas pensa no oxigênio como a necessidade mais básica e óbvia para a vida — e para nós isso é verdade; mas nem sempre foi assim. O oxigênio, na forma em que o respiramos, é basicamente um dejeto tóxico.

Nos tempos em que não havia vida na Terra, havia muito pouco oxigênio. O problema começou quando os primeiros microrganismos, bilhões de anos atrás, desenvolveram um modo de utilizar a energia solar para benefício próprio. Esse processo, chamado fotossíntese, era de fato muito eficiente, mas tinha um lamentável efeito colateral: poluía a atmosfera com oxigênio. Naquele tempo, não havia governos para regular os níveis de emissões tóxicas, portanto permitiu-se que essa prática irresponsável persistisse sem restrições durante milhões e milhões de anos, até que toda a atmosfera ficou saturada com esse negócio. Vergonhosamente, essas bactérias fotossintéticas e seus descendentes multicelulares (as plantas) continuam a expelir o terrível oxigênio, ainda hoje, apesar dos esforços resolutos de incendiários, madeireiras e mineradoras em reduzir o número desses poluidores.

Os efeitos dessa catástrofe ecológica são descomunais; hoje em dia, temos apenas uma vaga noção da enorme quantidade de espécies microbianas que se extinguiram envenenadas pelo oxigênio. Mas houve sobreviventes.

Uma fração substancial dos micróbios vive, até hoje, como anaeróbios estritos — não toleram sequer um cheirinho de oxigênio. Para nós, a noção de que o ar pode envenenar criaturas é curiosa, até mesmo ridícula, mas essas criaturas existem — muitas vezes em lugares surpreendentes. Como nossas gengivas.

O resto de nós são micróbios (e seus descendentes) que, ao longo dos milênios, adaptaram-se aos níveis crescentes de oxigênio, aprendendo a utilizar uma substância que é nociva e perigosa.

Não é porque o oxigênio nos parece agora algo trivial que deveríamos sentir menos respeito por essa notável adaptação. Só para que fique claro: a reação química que utiliza o oxigênio para dar energia ao nosso corpo é uma forma de combustão estritamente regulada, a mesma reação que move os motores de combustão interna nos automóveis (ainda que com substratos diferentes) — a mesma reação que produz o fogo.

Mas como aqueles micróbios ancestrais conseguiram sobrevier? Todos os seres vivos são moldados pelo ambiente: evoluem para tolerar o que está disponível na vizinhança, e depois o utilizar. O que faltar deverá ser trazido de outra parte ou produzido por conta própria. Essa, por exemplo, é toda a ideia das vitaminas — vitamina é só o nome que damos a uma substância que o corpo humano necessita, mas que não é capaz de produzir independentemente. O corpo humano fabrica milhares de substâncias distintas necessárias à vida, mas há algumas dezenas de substâncias que encontramos regularmente em nossas fontes de alimentos, portanto a evolução nos permitiu parar de produzi-las. Por exemplo, enquanto outros organismos se dão ao trabalho de produzir vitamina C para si próprios, nós simplesmente comemos esses organismos. É mais prático. Quando o nível de oxigênio cresce, sobrevive aquele que encontrar uma maneira de viver com ele. Quem encontrar uma maneira de *usá-lo* passa a ter uma vantagem sobre os que apenas o toleram; e assim prossegue o jogo.

Porém, a capacidade de usar oxigênio é uma faca de dois gumes, e vou tentar explicar por quê, usando uma analogia com os esportes. Li uma vez o comentário de um especialista em medicina esportiva, que dizia: "Um corredor de primeira linha é, por definição, um corredor contundido." Isso me deixou intrigado: os atletas profissionais parecem ser pessoas em muito boa forma: são musculosos, correm rápido etc. Certamente devem se cuidar muito bem! Mas o especialista explicou que, como estão sempre tentando chegar ao máximo de sua capacidade, vivem no limite; um pequeno esforço a mais os coloca no campo das contusões. Os que se machucam, naturalmente, ficam fora das competições, mas o mesmo ocorre com os que não se esforçam a esse ponto. No mundo do atletismo competitivo (no qual um talento natural fenomenal é apenas um requisito de entrada), vence aquele que conseguiu chegar o mais perto possível de seu limite, sem excedê-lo. E o mesmo ocorre na corrida da vida. Organismos e espécies diferentes estão em uma eterna competição uns com os outros.

Um organismo que utilize oxigênio consegue extrair 19 vezes mais energia de sua comida que um organismo que não o utilize. Sem essa carga extra em seu equilíbrio energético, nossos ancestrais microbianos provavelmente não teriam sido capazes de se desenvolver até se tornarem criaturas multicelulares.

Mas essa enorme vantagem sobre os organismos que não utilizavam o oxigênio tinha seu preço. A alta reatividade do oxigênio se deve a sua capacidade de criar radicais livres: moléculas altamente reativas, mas de vida curta, que causam danos celulares. Como esses radicais livres também podem atacar o DNA, criando mutações maléficas, o oxigênio, ironicamente ou não, é um poderoso indutor do câncer. É por isso que somos incentivados a tomar antioxidantes — substâncias que impedem os radicais livres de lesar os tecidos de nosso corpo.

Certos tipos de organismo ocupam o meio do caminho entre depender do oxigênio e ser envenenados por ele. As criaturas aerotolerantes (como as bactérias produtoras de ácido láctico encontradas no iogurte) não se preocupam com a presença ou ausência do oxigênio, e os anaeróbios facultativos preferem usar oxigênio, mas podem viver sem ele. A levedura é um exemplo; é por isso que fechamos as garrafas ao fazermos vinho: se uma levedura não encontra oxigênio, entra em um modo de operação que dispensa o oxigênio (a fermentação, que produz álcool como dejeto).* Quando há oxigênio no ambiente, a levedura retorna imediatamente ao processo de respiração, energeticamente mais eficaz, cujo dejeto não é o álcool e sim o ácido acético — o vinagre.

As demais criaturas não podem escapar do oxigênio. Seres como nós são chamados aeróbios estritos, e temos que gerar nossa própria energia por meio de fogueiras de difícil controle dentro de nosso corpo. Nosso destino é brincar com fogo pelo resto dos tempos.

* O álcool como dejeto! Não deveria nos surpreender: o álcool também é prejudicial aos seres humanos; só que nós gostamos de nos envenenar. Por mais triste que pareça, um bom uísque escocês *single malt* não passa, no fundo, de excremento de levedura.

FAIXA BÔNUS Nº 4:
A primeira esquete microbiológica do mundo (com desculpas a Peter Cook e Dudley Moore)

Dud: Não tem nada como uma boa praia, hein, Pete?

Pete: É, nada como uma boa praia, Dud.

Dud: Bom, mas é claro que deitar em um tanque de areia já é um pouco como deitar em uma praia.

Pete: Tem apenas metade da graça.

Dud: É, metade da graça. Mas, veja bem, é o dobro da graça do que deitar no cimento.

Pete: Pois é. Depende do seu ponto de vista, na verdade.

Dud: Verdade... Olha, sinto muito mesmo pelos sanduíches — estavam bem suculentos, mas o pão mofou de repente.

Pete: Você tem que ficar de olho no mofo. É um tipo de fungo, sacumé? E pode te trazer umas surpresas. Falando nisso, outro dia eu estava lendo sobre um fungo que come nematódeos.

Dud: Nematódeo... É uma daquelas rãzinhas verdes, né não?

Pete: Não, Dud, não é uma rã. Um nematódeo é um tipo de minhoca, só que muito pequenininha. Tão pequena que nem dá para enxergar.

Dud: Então como é que você vai fazer pra comer, se não enxerga? Vai ficar tentando espetar o garfo, falando "Peraí, acho que peguei desta vez... Não, espera, errei de novo." Assim o jantar não acaba nunca.

Pete: Bem, você não pode comer nematódeos, porque não é um fungo — apesar de parecer um pouco. Os fungos conseguem comer nematódeos pequenos porque também são muito pequenos.

Dud: E como é que eles pegam os bichos, então? Pulam em cima deles?

Pete: Não, um fungo não faz disso, ele nem pernas tem. Ele prepara umas arapucas pros nematódeos, umas armadilhas espertas.

Dud: Não parece uma vida muito divertida, vou te contar. Se eu estivesse sentado lá no céu e eles viessem me dizer que eu ia reencarcerar como fungo, eu ia pedir para falar com a gerência.

Pete: Acho que você quer dizer *reencarnar.* Encarcerar é quando te jogam na cadeia e você fica ali preso em uma cela.

Dud: Não vejo muita diferença entre ficar preso em uma cela e ser um fungo. Eu não ia gostar de passar a vida fungando por aí, comendo minhoca crua.

Pete: Bom, talvez seja uma boa vida, é só se acostumar. Se você perguntar a um fungo, ele talvez não prefira ser um Dud sentado por aí em uma praia. De repente ele gosta de minhoca crua. O fungo provavelmente acha que não tem "nada como um bom bocado de minhoca para o almoço".

Dud: Depende do seu ponto de vista, na verdade.

Pete: Sim, bom, não sei muito bem se os fungos têm pontos de vista. Não é como se eles tivessem um cérebro muito avantajado, entende?

Dud: Então como ele faz para pegar as minhocas?

Pete: Bom, os nematódeos ficam presos nos fungos de três maneiras: grudados, emaranhados e constritos.

Dud: O quê, esses aí vão para o exército?

Pete: Não, você está pensando em conscritos, como quem é convocado para a guerra. Constrito é quem está sendo amassado.

Dud: Ah, entendi.

Pete: Enfim, no primeiro caso, o fungo tem umas substâncias grudentas na superfície que fazem o nematódeo grudar. No segundo, o fungo tem um tipo de rede, um pequeno labirinto, onde o nematódeo fica emaranhado e não consegue se libertar. O terceiro tipo, que a gente discutiu agora, é ainda mais inteligente: o fungo tem uma espécie de anel, formado por três células especiais em um círculo; o anel fica pendurado de um lado e é grande o suficiente para o nematódeo passar; mas quando ele passa, se tocar de leve em uma célula, todas as células incham de repente muito rápido, feito esses *air bags* que tem nos carros hoje em dia, e prendem a minhoca dentro do anel para que ela não possa se soltar.

Dud: Pega o bicho pelo pescoço?

Pete: Uma minhoca não tem pescoço, Dud. Ou melhor dizendo, ela não passa de um grande pescoço. Depende do seu ponto de vista, na verdade.

Dud: E o que a minhoca faz, então?

Pete: Imagino que ela se contorça um pouco, pensando: "Droga, eu deveria ter visto que isto ia acontecer. Me dei mal!" E depois de um tempo ela morre e é comida pelo fungo. Na verdade, o fungo cresce para dentro dela.

Dud: Pelo menos ele espera até que a coitada bata as botas. Nem todo mundo tem essa decência nos dias de hoje.

Pete: É verdade, grande verdade.

Dud: Mas enfim, onde você leu isso tudo?

Pete: Bom, no outro dia um cara veio até mim na rua e disse: "Você é o Pete, não é? Achei que tivesse reconhecido você." Eu nunca tinha visto o sujeito na vida. Daí perguntei: "De onde?", e ele falou: "De um livro que estou lendo, *Pequenas maravilhas*. Nele, você estava lá falando sem parar de minhocas", e eu pensei: engraçado, sabe? Não me lembro de ter feito isso, especialmente em um livro. Mas ele me mostrou o livro, e ali estava eu, falando de fungos com você, todo sabido. Bem interessante, pra falar a verdade.

Dud: E o livro era bom?

Pete: Não era bem a minha praia.

5. Bichinhos na gente

IMAGINE QUE UM AMIGO chega para você e diz: "Ficou sabendo da última? Todos os micróbios da Terra decidiram ir embora. Eles todos deram no pé!" Se isso acontecesse antes do dia em que tomou a sábia decisão de ler este livro, talvez você tivesse dado de ombros e perguntado: "E daí?", voltando a fazer o que quer que estivesse fazendo. Se você fosse uma pessoa um pouco mais instruída, talvez se lembrasse de todas as doenças horríveis causadas pelos micróbios e dissesse: "Já vão tarde!" No entanto, se você andou prestando atenção até agora, sem dúvida perceberá todas as implicações dessa nova situação:

1. A vida na Terra já não seria remotamente parecida com a atual, nunca mais.
2. Todos estaríamos mortos dentro de alguns dias, se não horas.
3. Temos um monte de coisas pela casa das quais não precisaríamos mais.

As primeiras duas imagens são deprimentes, portanto vamos nos concentrar na terceira, que nos dará a oportunidade de vender objetos, ganhar dinheiro, abrir algum espaço livre em casa e, de modo geral, tornar a vida mais aprazível. Voltando nossa atenção para dentro de casa, portanto, se não existem mais micróbios, do que podemos nos livrar?

Bem, da maior parte das grandes caixas brancas, para começar. Se não há mais micróbios, a comida não ficará estragada, portanto não precisaremos realmente de uma geladeira. O leite, os ovos e a carne ficarão perfeitamente bem na estante. Talvez queiramos um pequeno isopor para manter as bebidas e o sorvete gelados no verão, mas isso é tudo. Portanto, podemos jogar a geladeira e o freezer no lixo.

A maior parte da despensa também poderá ser posta de lado: lá se vão as latas (por que nos preocuparíamos com elas?), lá se vai a estante de vinhos (não há vinho sem leveduras; aliás, nem cerveja) e também o purificador de água.

A seguir, a lava-louças: realmente não precisamos de tanto esforço só para lavar uns pratos. Basta enxaguá-los um pouquinho na pia, e tudo bem. Os restos de comida não mais nos deixarão doentes ou terão gosto ruim, portanto podemos deixá-los ali, se quisermos.

O mesmo vale para a máquina de lavar roupa e a secadora. Quem se importa se as roupas estão usadas? Se não tiverem manchas grandes e feias, podemos simplesmente continuar a usá-las. Não se preocupe, elas não vão feder: são os micróbios em nossa pele que provocam o cheiro ruim (bem, provocavam). Agora que eles se foram, não precisamos mais lavar as roupas. Se você for como eu, isto significa que poderá usar a mesma camisa todos os dias, até que ela se desintegre completamente.* Até mesmo quem adora roupas e o mundo da moda provavelmente poderia liberar algum espaço no ar-

* Quando eu era adolescente, tive uma camiseta que usei incessantemente. Não era especialmente bonita, e, além disso, ela já tinha 20 anos quando a herdei. No final, eu já não sabia direito quais eram os buracos originais destinados aos braços e à cabeça. Tive que a resgatar duas vezes do cesto de lixo, e uma vez consegui evitar que minha mãe a usasse como pano de chão. Por fim, minha irmã, desesperada, colocou-a em uma moldura e a entregou a mim em uma cerimônia curta, mas muito emocionante.

mário — certamente seria prático para estocar mais algum leite, caso a estante esteja cheia.

Portanto, podemos abrir mão da máquina de lavar roupas, secadora, roupas, detergentes, desodorante, sabonete e todo o chuveiro, se quisermos. Não precisamos mais escovar os dentes, por isso podemos jogar fora a escova, a pasta, o fio dental e o antisséptico bucal, além do desinfetante e dos curativos — todos para o lixo. Também não vamos mais precisar da privada, assim não teremos mais gastos desnecessários com encanamento... e assim por diante — e estamos falando apenas de utilidades domésticas.

Quando enxergamos a situação dessa forma, boa parte da marcha da civilização humana pode ser vista como uma série de tentativas de nos livrarmos das influências microbianas, e outra parte será formada por tentativas de utilizá-las para proveito próprio (o que será o núcleo do próximo capítulo). Não podemos rever aqui toda a gama de interações entre humanos e micróbios, é claro, por isso vamos nos limitar às mais importantes, interessantes ou particularmente incomuns.

Primeiro, porém, permita-me falar um pouco de uma das coisas mais comuns que se veem por aí.

Precaução e canja de galinha...

Meu sogro, que Deus o abençoe, tem um remédio contra resfriados no qual deposita confiança absoluta. Os detalhes da receita são uma espécie de segredo de família, mas tenho permissão para revelar que ela inclui ferver um refrigerante de cola com boa quantidade de alho. Vou deixar que você imagine como é a experiência singular de ingerir essa poção; basta dizer que o líquido faz com que a pessoa que o bebeu passe a ter desejos ardentes de que os cientistas encontrem logo uma cura para o resfriado.

Parece um desejo bastante trivial, não é mesmo? A ciência médica triunfou sobre doenças tão terríveis que não deveria ser muito difícil achar a cura para uma coriza — é algo que certamente poderá ser feito em umas poucas semanas, se alguém se dedicar a pensar no assunto, não é mesmo?

Bom, não é bem assim que funciona. Um dos grandes problemas é que o resfriado comum não é realmente uma doença. Esse é apenas um nome geral para um conjunto de sintomas que pode ser causado por mais de 200 tipos de vírus de muitas famílias diferentes. Nós sequer sabíamos o que era um vírus algumas décadas atrás, mas temos fungado desde tempos pré-históricos.

Quando falamos de tratar resfriados em sua essência, ainda temos muito que aprender, pois eles não têm essência nenhuma — quer dizer, na verdade, têm dezenas de essências diferentes. O que é pior, esses vírus podem sofrer mutações muito rapidamente, portanto mesmo que *encontremos* de fato uma solução para um tipo de vírus causador de resfriados, ela poderá se tornar inútil pouco tempo depois. Nosso sistema imune se vê diante do mesmo problema, e é por isso que ficamos resfriados cerca de duas vezes por ano, em vez de pegarmos um resfriado uma vez e depois nos tornarmos naturalmente imunizados contra ele pelo resto da vida, como ocorre com as doenças da infância.

Tudo isso faz com que o resfriado seja uma condição muito difícil de curar: podemos tratar os sintomas, dos quais a maior parte é causada pela luta do corpo contra o vírus infectante, e confiamos em que nosso corpo fará o resto do trabalho.

As últimas notícias: em fevereiro de 2009, um grupo de pesquisadores anunciou ter conseguido mapear as sequências de DNA de todas as 99 variações do *rhinovirus*, uma família virótica responsável pela maioria dos casos de resfriado mundo afora. Esse é um enorme passo à frente e nos ajudará a imaginar o que exatamente esses vírus fazem e como pará-los quando estiverem fazendo, mas remédios eficazes, vacinas e erradicação ainda são uma saída.

Assim, nesse meio-tempo, embora eu não seja nenhuma autoridade médica, mas sinto que você tem o direito de conhecer as últimas tendências da opinião especializada sobre o tratamento de resfriados, portanto permita que eu lhe transmita aqui alguns conselhos práticos:

Para prevenir: lave as mãos.

Para curar: descanse e tome canja de galinha.

Evite: Coca-cola fervida com alho.

Remix

A gripe é diferente do resfriado. Ambas são doenças virais, mas causadas por famílias diferentes de vírus e com funcionamentos distintos; entretanto, efetivamente provocam sintomas semelhantes e são teimosas como poucas outras doenças.

Ambas, pelo visto, parecem fazer aparições regulares no inverno, e isso pode ter diversas causas. Na estação fria, as pessoas estão em contato mais próximo (pois passamos mais tempo em ambientes fechados), as temperaturas mais baixas e o ar mais seco contribuem para reduzir a resistência de nosso sistema imune, além de permitirem que os vírus sobrevivam por mais tempo nas superfícies externas, e a menor luz solar faz com que produzamos menos vitamina D.

Não vamos procurar um médico para tomar vacinas contra resfriados, pois elas não existem (pelos mesmos motivos pelos quais ainda não encontramos curas contra eles); entretanto, felizmente, existem vacinas contra a gripe, e podemos (de fato, *devemos*) tomá-las uma vez por ano. Dessa forma podemos evitar os sintomas desagrad... espere aí. Por que uma vez por ano? A maior parte das vacinas que tomamos são administradas apenas uma vez em toda a vida, talvez com uma ou duas doses de reforço alguns meses depois. Por que a gripe é diferente?

Porque o vírus que a causa, chamado influenza, consegue fazer certas modificações esquisitas em seus genes. A primeira delas é elegante, ainda que conhecida: um mecanismo de mutação simples nos genes do vírus faz com que suas proteínas de superfície se alterem. Assim, sua aparência superficial se modifica e nosso sistema imune não consegue reconhecer a nova cepa.

Essa é a epidemiologia normal e corriqueira dos vírus. Entretanto, aproximadamente uma vez por década ocorre algo muito diferente, o que causa as epidemias maiores e mais problemáticas de gripe. Para entender por que isso acontece, precisamos aprender um pouco mais sobre os vírus. Um vírus é muito diferente de uma bactéria: enquanto uma bactéria, ao infectar uma célula, se mantém íntegra e se multiplica, um vírus é desmontado dentro da célula hospedeira. Em muitos casos, a estrutura do vírus nem sequer entra no hospedeiro; ele apenas injeta nele seu conteúdo interno (DNA, RNA e às vezes algumas proteínas). Esses componentes invasores assumem o comando dos mecanismos produtores da célula hospedeira (que até esse momento tinham estado cuidando da manutenção regular da célula) e os forçam a passar a produzir muitas cópias de partes do vírus. Os novos vírus são então montados e partem em busca de novas células para infectar.

O material genético de um vírus geralmente consiste em um único segmento de DNA ou RNA, o que é muito conveniente para a replicação rápida. Um vírus da gripe, entretanto, é diferente: seu genoma é formado por oito segmentos curtos e separados de RNA. Isso, em praticamente todos os casos, é bastante irrelevante para nós. Esse vírus funciona como qualquer outro, só que a replicação de seu RNA é efetuada em oito etapas curtas, em vez de em uma longa. O vírus da gripe tem maneiras para garantir que, na maior parte das vezes, esses oito segmentos sejam encapsulados em um único revestimento externo, produzindo uma nova partícula viral funcional. Como seu material genético é formado por RNA, e não DNA, ele sofre mutações a uma taxa mais rápida, o que faz com que, em média, cada novo vírus seja ligeiramente diferente (o que provoca as variações anuais das cepas).

Mas esse não é o grande problema. O grande problema ocorre muito raramente, quando uma pessoa ou animal (geralmente um porco) é infectado por duas cepas diferentes da gripe. Nesse caso, poderá ocorrer que uma única célula hospedeira seja atacada simultaneamente por duas versões do vírus. Digamos que o porco calhe de pegar uma cepa de um pato e uma segunda cepa de uma pessoa (se você não consegue entender como isso poderia ocorrer, talvez devesse sair mais de casa), e as duas cepas infectam então as células do trato respiratório do animal. Por acaso, partículas virais de ambas as cepas atingiram e infectaram uma certa célula ao mesmo tempo, e agora temos oito segmentos de RNA flutuando na célula e sendo encapsulados, formando novas partículas virais. Em vez de 1 2 3 4..., temos agora 1_a 1_b 2_a 2_b 3_a..., e há uma boa probabilidade de que algumas partículas contenham segmentos das duas versões — por exemplo, 1_a 2_a 3_b 4_a...

Voilà — as cartas acabaram de ser reembaralhadas: foi criada uma nova combinação, e uma nova cepa de vírus da gripe foi solta no mundo. Se esse embaralhamento influenciar apenas o funcionamento interno da partícula viral, não será um grande problema para nós. Mas se os componentes da superfície da célula viral forem embaralhados, isso fará com que o novo vírus represente um enigma para nosso sistema imune, tornando-nos suscetíveis à infecção.

O vírus pode então se espalhar para outras células do porco, para outros porcos, de volta para porcos e humanos, e de humanos para humanos, e até a Noviça Rebelde, em suas doces montanhas austríacas, poderá ecoar o belo som da tosse.

Você verá que essa descrição depende de muitas condições: o porco tem de ser infectado por duas cepas, tudo isso deve acontecer em uma só célula, as partículas devem ser embaralhadas, as proteínas de superfície devem ser remixadas. E ainda há outras: a nova combinação deve ser infectante de célula a célula, deve ser infectante de porco a porco, deve ser infectante de porco a humano, deve ser infectante de humano a humano... qual é a chance de que isso ocorra? Não é muito elevada, mas se pegarmos uma probabilidade muito pequena e repetirmos o evento muitas e muitas vezes (você percebe quantas partículas virais andam por aí em um só corpo, que dirá no mundo inteiro?), ocasionalmente até mesmo probabilidades muito pequenas podem se materializar. E basta que isso ocorra uma só vez, em qualquer lugar, para que todo o mundo seja afetado. Esse é o poder da mutação e da seleção natural.

Esses embaralhamentos são muito incomuns entre os vírus (até onde sabemos), mas dão a impressão de serem estranhamente familiares.* Embora os detalhes sejam muito diferentes, o embaralhamento de elementos genéticos é justamente o objetivo da reprodução sexuada — ele ocorre sempre que um novo ser humano é criado. Como indivíduo, você não passa, como diria um vírus, de uma nova subcepa da humanidade.

A cepa da gripe aviária de 2005 constitui um bom estudo de caso para essa situação. Foi um vírus que parou na barreira humano-humano. Apesar de ter havido seres humanos infectados (262 mortes haviam sido registradas até junho de 2009), eles se infectaram a partir de aves, e não de outras pessoas. Essa é uma boa notícia (a menos que você seja uma galinha): embora a morte de qualquer número de pessoas nunca seja uma coisa boa, o que poderia ocorrer potencialmente é muito, muito pior. A cepa da gripe espanhola de 1918, por exemplo, dizimou algo entre 2% e 5% de toda a população humana. Esperamos estar mais bem preparados agora do que há 90 anos Temos melhores tratamentos para a gripe em si, e também para seus sintomas e complicações; sabemos mais sobre os vírus e estamos desenvolvendo vacinas contra eventuais sur-

* De maneira interessante – *muito* interessante – o estudo de 2009 que mencionei na seção anterior mostra que vírus de resfriado podem praticar uma versão do mesmo truque de mixagem como vírus da gripe. Esses malandrinhos!

tos futuros. Também é possível que, na forma de transmissão de humano a humano, a gripe não venha a ser tão problemática quanto tememos. Ainda assim, não podemos dizer que estamos seguros. Para falar a verdade, nunca estamos.

Mas não precisa ficar desanimado — vou tentar explicar agora, brevemente, quase toda a história do mundo, e por que ainda não estamos todos mortos. E também vou falar de rãs.

Pulando a cerca

Quando eu estava estudando microbiologia, vi-me como parte de uma equipe que pesquisava os *Mycoplasmas* (os "mestres do disfarce aleatório" do capítulo passado). Eu estava me concentrando nos elementos genéticos do *Mycoplasma bovis*, que, como o nome sugere, é encontrado em bois. Entre outros tipos de *Mycoplasma* estudados em nosso laboratório, havia o *Mycoplasma gallisepticum*, encontrado em galinhas, e o *Mycoplasma capricolum*, encontrado em cabras.

Eu já estava trabalhando havia muitos meses em meu projeto e vivia ocupado mapeando as sequências de DNA de meu patógeno bovino e as comparando a sequências de espécies de *Mycoplasma* que infectam galinhas e humanos — para mapear as relações entre genes, patógenos e hospedeiros — quando me deparei com o livro *Armas, germes e aço*, de Jared Diamond. Imediatamente, tive vontade de bater em mim mesmo. Eu tinha ficado tão concentrado nos detalhes de meu projeto que me esquecera de fazer uma pergunta óbvia — justamente a pergunta que Diamond respondera em seu livro. Por que um patógeno humano deveria estar relacionado aos patógenos de bois ou aos das malditas galinhas?

Pense nisto: enquanto uma espécie passa pelo processo evolutivo, o mesmo ocorre com seus parasitas e patógenos. Como o nicho ecológico de um parasita é outro organismo, é natural que ao menos algumas de suas modificações sejam reflexos e adaptações às mudanças sofridas pelo hospedeiro. Se uma espécie alterar sua dieta, seus hábitos ou o ambiente em que vive, o parasita deverá se adaptar, caso contrário acabará por se extinguir. Se observarmos duas espécies animais bastante relacionadas, é razoável esperar que seus parasitas e patógenos também sejam semelhantes e relacionados, ao menos até certo grau — e, inversamente, quanto mais afastados estiverem na árvore filogenética, mais diferentes serão seus patógenos.

Como, então, as galinhas se relacionam com nossa herança evolutiva? Elimine toda imagem de obscenidade de sua mente.* A resposta, em termos simples, é que os humanos e os animais criados em fazendas viveram em grande proximidade durante milhares de anos e, durante esse tempo, ocasionalmente pegamos alguns patógenos deles. Um evento como esse não é nada insignificante. Como vimos em relação ao vírus da gripe, é bastante raro que um micróbio salte de uma espécie a outra, e quanto mais afastadas estiverem as espécies na árvore filogenética, menor será a probabilidade de que isso ocorra — não podemos, por exemplo, esperar pegar doenças de rãs, independentemente do que fizermos com a rã. Isso ocorre porque a mesma célula que estava infectando a espécie X deverá

* A menos, é claro, que você goste dessas imagens.

agora não só sobreviver na espécie Y (que é, como já dissemos, um ambiente diferente), como também ser transmitida entre membros da espécie Y. Trata-se de uma tarefa bastante complicada para os processos evolutivos. Ainda assim, o contato constante ao longo de eras provocou puladas de cerca ocasionais entre as espécies. Depois de um período inicial de aclimatação, a nova espécie hospedeira se tornaria apta a lidar razoavelmente bem com o recém-chegado, evitando assim uma morte em massa.

Isso nos leva às pragas — o resultado mais terrível das relações entre humanos e micróbios. Diversas pragas causadas por microrganismos provocaram perdas temíveis para a humanidade ao longo da história. Somente em tempos recentes, com o auxílio das vacinas e antibióticos, conseguimos nos proteger, até certo ponto, dos estragos por elas causados. Ainda assim, mesmo nas piores situações, uma praga não persiste indefinidamente, matando todo mundo. Sua extensão se reduz após algum tempo. Por que isso ocorre? Por que as pragas não exterminam espécies inteiras?

As respostas, como de costume, não são simples — entre elas há motivos sociais e geográficos, além de muitos outros. Mas eu gostaria de me deter em uma força inerente ao próprio micróbio.

Um micróbio que mate todo hospedeiro pouco tempo após a infecção é realmente muito assustador, mas, do ponto de vista do micróbio, essa também é uma estratégia fatal. Por mais detestável que seja a doença causada, um micróbio não é uma entidade maligna. Ele não está preocupado em causar destruição entre as pessoas, e sim em se propagar. A destruição de seu ambiente (nós) é, na maioria das vezes, um acidente — e não é um acidente benéfico para o patógeno, pois um hospedeiro morto, ou gravemente doente, não entra muito em contato com outros possíveis hospedeiros, e portanto não gera boas oportunidades de infecção para o micróbio. Um hospedeiro morto geralmente é um beco sem saída para os patógenos que o habitam, que acabarão por morrer também, sem terem para onde escapar.

Um patógeno bem-sucedido, portanto, não é necessariamente o mais perigoso, e sim aquele que encontra uma maneira de se disseminar continuamente na população hospedeira sem causar confusões indevidas. É por isso que na maioria dos surtos, depois de algum tempo, a cepa infectante é atenuada: ela perde algumas de suas propriedades mais virulentas e começa a produzir sintomas mais leves. Às vezes, a cepa atenuada acaba por não produzir praticamente nenhum sintoma, conseguindo se manter fora do alcance de nossos radares, passando de pessoa a pessoa sem que percebamos. Isso, é claro, é bastante bom para o micróbio. Dessa forma, temos micróbios como o *poliovírus* (que causa a poliomielite), no qual cerca de 19 em cada 20 casos de infecção são subclínicos (não geram sintomas). Antes do advento das vacinas contra a pólio, era realmente muito difícil estar protegido contra o vírus, já que um grande número de pessoas perfeitamente saudáveis também eram portadoras sem o saber. Se o vírus fosse mais virulento, teria tido muito menos oportunidades de infecção a longo prazo.

A atenuação não é a única força que atua no patógeno. Nosso sistema imune também desempenha um importante papel. Um sistema imunológico saudável pode lidar com muitos problemas, e frequentemente consegue destruir o patógeno invasor. E uma vez sendo ele destruído, a pessoa, já tendo sido exposta ao micróbio uma vez na vida, torna-se imune a seus ataques futuros.* Mesmo que o micróbio seja resistente demais para ser destruído inteiramente, um sistema imune saudável poderá frequentemente conter o invasor problemático, mantendo-o sob controle. Dessa forma, mais ou menos como na Guerra Fria, forma-se um equilíbrio tenso, dando aos dois lados algum tempo para se ajustarem um ao outro. Às vezes um lado termina por prevalecer, e o patógeno é destruído ou causa uma doença progressiva — isso pode ocorrer especialmente se a saúde do hospedeiro sofrer com algum problema não relacionado, ou se o hospedeiro simplesmente ficar mais velho e fraco. Porém, em certas ocasiões, a situação simplesmente se mantém estável.

Tudo isso leva a uma situação na qual uma praga irrompe e mata pessoas imunologicamente fracas (os doentes, os velhos ou as crianças) ou simplesmente azaradas; as pessoas resistentes sobrevivem e acabam por formar a maioria da população. Enquanto isso, com o passar do tempo, o patógeno vai se acalmando e se torna menos virulento, ou então nosso sistema imune aprende a lidar melhor com ele (ou os dois), e a praga acaba perdendo fôlego.

Por que, então, poderíamos nos perguntar, as pragas irrompem, para começo de conversa? Se nem mesmo o patógeno se beneficia de fato com a praga, por que elas ocorrem repetidamente?

---

* Esse é, obviamente, o modo como funcionam as vacinas: elas expõem o corpo a uma versão inócua do patógeno, o que nos permite gerar resistência contra ele.

Tudo pode ser visto, até certo ponto, como um desentendimento biológico entre o hospedeiro e o patógeno — ou como uma escalada periódica na eterna corrida armamentista entre as defesas do organismo e seus invasores, que ocorre quando uma espécie de micróbio que estava sob controle sofre uma mutação aleatória e se torna forte demais para o sistema imune.*

A situação mais problemática, entretanto, ocorre quando uma cepa entra em contato com uma população nova e despreparada — que não tenha ainda criado defesas imunológicas contra ela. Isso pode ocorrer quando uma cepa virulenta em um animal consegue saltar para outra espécie de animal (como ocorreu com a gripe aviária, por exemplo); porém, mais uma vez, trata-se de um evento raro. Algo muito mais comum se dá quando duas populações da mesma espécie entram em contato, sendo que uma das populações havia estado metida em uma batalha imunológica contra um certo patógeno por um longo tempo, enquanto a outra população jamais havia sido exposta a ele. Isso foi justamente o que ocorreu quando os viajantes e colonizadores europeus entraram em contato com as populações nativas de outros continentes — os povos aborígenes da Austrália e os indígenas americanos, por exemplo.

Simplesmente por entrarem em contato com os europeus, os povos não europeus foram atingidas por pragas letais de enormes proporções. Os patógenos que causaram essas pragas

* O outro lado da moeda — um corpo que consegue finalmente se livrar de um invasor persistente — também ocorre, mas como não se manifesta por meio de nenhum sintoma ou surto, normalmente não nos damos conta de sua ocorrência.

não vieram de nossos ancestrais evolutivos (esses patógenos estavam naturalmente presentes em todas as populações humanas, pois já nos acompanhavam antes que qualquer porção da humanidade saísse da África), e sim de vacas, galinhas, porcos, cabras e ratos, estes sempre tão presentes — patógenos aos quais somente os povos da Ásia e da Europa, criadores de animais, haviam sido expostos e aos quais estavam acostumados. Como os micróbios infectantes haviam se adaptado aos sistemas imunes resistentes dos europeus, quando encontraram os sistemas imunes despreparados dos povos indígenas, foi como se tivessem se lançado com toda força para abrir um portão de defesa que, ao ser golpeado, não oferecesse resistência nenhuma.

Essa explicação para a dizimação histórica das populações não europeias por doenças é, naturalmente, bastante superficial e parcial. Há diferentes tipos de imunidade — inata e adaptativa —, e suas diferentes características também influenciam o modo como os patógenos afetaram as populações recém-encontradas. Existem também condições externas, como a desnutrição e o estresse (algo que as invasões europeias certamente favoreceram), que teriam afetado fortemente a vulnerabilidade de seus sistemas imunes. Por fim, outras causas de morte, como a guerra contra os invasores europeus e a fome, também cobraram seu preço.*

---

* O alcoolismo, outro aspecto dos contatos interculturais, tem muita semelhança com a dinâmica das doenças infecciosas, já que as populações que não haviam sido expostas ao consumo de álcool antes do contato com os europeus (e cujos corpos não precisaram desenvolver evolutivamente as adaptações necessárias para lidar com ele) foram afetadas severamente por seus efeitos.

Neste ponto, estamos entrando em um difícil território emocional e político. Sabemos pouco sobre o verdadeiro estado imunológico dos habitantes nativos no momento em que suas terras foram invadidas, portanto as explicações biológicas para esses eventos estão longe de serem conclusivas. Já foi dito que essa teoria do "solo virgem" coloca os horrores da invasão em uma base determinista. E, ao fazê-lo, exime os colonizadores da culpa, pois implica que, por mais benévolos ou iluminados que eles fossem, muitos dos nativos teriam morrido.

Outro argumento afirma que ao enxergarmos a situação dessa maneira, aceitamos, em termos imunológicos, a ideia da supremacia do homem branco. Outros ainda sustentam que essa visão virginal segundo a qual os povos indígenas seriam "bons selvagens" puros que acabaram maculados pelos europeus, que chegaram repletos de doenças, é irremediavelmente romantizada e se baseia em pouquíssimas evidências. São muitas as acusações de parcialidade e má interpretação, portanto vou parar por aqui antes de dizer acidentalmente algo que me meta em apuros.

A luta não vencida

Na maioria das vezes não estamos cientes dos micróbios que vivem dentro de nós. Assim que sua presença é sentida, no entanto, ficamos doentes e podemos até morrer. Ao longo da história humana, resistir a doenças infecciosas quase sempre foi uma tarefa excepcionalmente difícil. De fato, a doença era vista como algo praticamente inevitável. A ciência médica tem lutado contra os micróbios causadores de doenças há séculos — ainda que, na maior parte do tempo, os cientistas sequer soubessem da existência dos microrganismos. Nos dois últimos séculos, foram dados três grandes passos nessa luta:

1. Antibióticos (grande passo).
2. Vacinas (passo ainda maior).
3. Lavar as mãos (o maior de todos os passos).*

Vou me concentrar nos antibióticos, porque para contar a história das vacinas eu precisaria de ao menos mais um livro inteiro, e suspeito que você já conheça os procedimentos básicos da lavagem das mãos.

A história dos antibióticos começa muitos milhões de anos atrás. Nós, seres humanos, nem existíamos nessa época. Os micróbios, ao lutarem uns contra os outros pela sobrevivência e por recursos, desenvolveram substâncias químicas para matar e repelir outros microrganismos. Isso ainda ocorre por toda parte, naturalmente. Porém, mais ou menos nos últimos 100 anos, nosso envolvimento nessa luta eterna trouxe algumas novidades.

Cerca de 200 mil anos atrás, a evolução gerou os seres humanos (que originalmente eram caçadores-coletores) e estes sofriam em certa medida com doenças infecciosas, como ocorre com todos os seres vivos. Aproximadamente 10 mil anos atrás, a civilização começou a ganhar velocidade: passamos a desen-

* Você pensa que eu estou brincando? O dr. Ignaz Semmelweis, possivelmente o herói mais desconhecido da história humana, foi ridicularizado quando sugeriu, em 1861, que os médicos deveriam lavar as mãos ao passarem de um paciente ao seguinte. Lentamente, descobrimos que ele estava certo. O sabão salvou mais vidas do que os mais maravilhosos remédios.

volver a agricultura e então surgiram as vilas e cidades, o que levou a populações maiores e regiões mais densamente habitadas. Como todos estavam amontoados, os contágios entre as pessoas foram facilitados e as taxas de ocorrência de doenças infecciosas aumentaram rapidamente. Também começaram a surgir novas doenças, das quais a maioria se originava em animais domésticos (como vimos na seção anterior) ou numa peste urbana onipresente, o rato.

Ao longo da história, as doenças bacterianas e virais foram, em conjunto, as causas mais comuns de morte em todo o planeta. Os tratamentos (entre eles as pílulas de cascavel, talismãs mágicos e muitas poções à base de sangue) geralmente eram ineficazes, e uma pessoa que pegasse uma doença teria de contar com sua imunidade natural e constituição forte para sobreviver.

Primeiras observações

Ao final do século XIX, a melhoria das condições de vida e higiene foram responsáveis pela redução nas taxas de mortalidade nos países europeus. Nos últimos anos daquele século, surgiram relatos esporádicos de fungos que pareciam ter qualidades antimicrobianas. O uso de emplastos de fungos para tratar ferimentos remonta a milhares de anos atrás, mas como a conexão entre os micróbios e a saúde humana só foi estabelecida naquele século, essa foi a primeira vez em que os cientistas compreenderam em princípio o que os fungos estavam fazendo. Esses relatos foram amplamente ignorados pelos que chegaram a conhecê-los.

Assim que a humanidade entendeu que os micróbios podiam causar doenças, as equipes hospitalares passaram lentamente a implementar práticas antissépticas, o que reduziu as taxas de infecção. As vacinas também começaram a ser utilizadas. Mesmo assim, as doenças infecciosas ainda representavam um enorme problema para a humanidade.

No início do século XX começaram a surgir algumas drogas capazes de tratar doenças infecciosas: o salvarsan, um composto de arsênico, foi usado contra a sífilis, e a sulfa já era usada para combater infecções no final da década de 1930.

O que é um antibiótico?

Um antibiótico é definido como qualquer substância química que mate ou suprima o crescimento de microrganismos. No entanto, para ter utilidade médica, essa substância também deve ser muito menos prejudicial àqueles que a tomam (humanos ou animais) que a seus alvos. Esse atributo — a capacidade de causar danos seletivamente — é bastante esquivo.

Como as bactérias apresentam muitos processos e estruturas consideravelmente diferentes das células humanas, os antibióticos podem atingi-las sem prejudicar nossas células. Um exemplo clássico de tal estrutura é a parede celular bacteriana, que não possui contraparte nas células humanas. Seu processo de construção pode ser inibido pelo antibiótico penicilina. Dessa forma, as bactérias são atingidas sem que nossas células sejam afetadas.

Um bom contraexemplo também ilustra esse atributo: tratar o câncer normalmente é muito mais difícil que tratar uma infecção bacteriana, pois as células das quais desejamos nos livrar são células do nosso próprio organismo, mas rebeldes. As diferenças entre as células rebeldes e as normais, portanto, são muito menores e mais distintivas, e causar danos seletivos é muito mais difícil. A quimioterapia tem de atuar o máximo possível sobre essas pequenas diferenças — e, mesmo assim, trata-se apenas da esperança de envenenar o tumor a uma velocidade mais rápida que o resto do organismo.

Pelo mesmo motivo, os antibióticos não têm utilidade contra vírus ou fungos: os fungos são fundamentalmente muito mais parecidos conosco e compartilham muitas mais de nossas características básicas do que as bactérias, por isso é muito mais difícil atingi-los sem prejudicar a nós mesmos. Já os vírus representam um problema inteiramente distinto — apesar de serem muito diferentes de qualquer outra forma de vida, são um alvo mais complicado para as drogas, pois seu meio de reprodução está ligado de maneira muito íntima ao funcionamento de nossas próprias células. Até recentemente, a única maneira para lidar com eles era pelo método indireto da vacinação, isto é, apresentando-os ao organismo em uma forma inofensiva e contando que nosso sistema imune resolveria o problema no momento apropriado. Atualmente temos um pequeno número de drogas antivirais, e estão sendo realizadas intensas pesquisas (incentivadas pela necessidade de combater a epidemia de Aids) para descobrirmos novos medicamentos.

Os antibióticos tampouco têm utilidade no combate a doenças como a malária e a leishmaniose, pelo mesmo motivo: elas são causadas por parasitas, que são, em termos relativos, nossos parentes próximos.

A regulamentação dos antibióticos, parte 1

Em 1937, uma companhia farmacêutica dos EUA produziu uma droga à base de sulfa com sabor de framboesa. Que simpático da parte deles. Menos simpático foi o fato de utilizarem dietilenoglicol como solvente. Depois da morte de mais de 100 pessoas por envenenamento por essa substância, descobriu-se que a companhia não tinha realizado testes de segurança para checar seu produto. Pior ainda foi o fato de que a companhia não havia quebrado nenhuma lei, a não ser pela inclusão da palavra "elixir" no nome do produto, quando na verdade este não continha álcool. Esse ato foi ilegal; envenenar as pessoas não foi, e a companhia se safou sem grandes punições. A revolta contra esse absurdo trágico fez com que a Food and Drug Administration (FDA), a agência reguladora de drogas e alimentos dos EUA, ganhasse muito mais poder. Desde então, a FDA, cujos parâmetros são muito estritos, tornou-se responsável por aprovar (ou não) todas as drogas vendidas nos EUA, o que tem importantes repercussões globais.

Descoberta e produção de antibióticos

Chegamos agora a um dos eventos mais encantadores da história da ciência: em 1928, o dr. Alexander Fleming retorna de umas longas férias a seu notoriamente desorganizado laboratório no Hospital St. Mary, em Londres. Entre as muitas placas de cultura empilhadas em sua embalagem desinfetante, ele notou uma que estava fortuitamente equilibrada no topo de uma pilha de placas e, portanto, não fora tocada pelo banho antisséptico. A placa estava contaminada por um fungo, e embora toda ela estivesse cheia de uma mistura opaca de colônias de bactérias, um círculo ao redor do fungo contaminante continuava livre delas.

Esse momento singular — quando, em meio a tudo o que certamente passava por sua mente naquele instante, Fleming notou um detalhe curioso e compreendeu suas possíveis implicações — é a ciência no que ela tem de melhor.*

Fleming isolou o fungo, identificando-o corretamente como o *Penicillium notatum* (*P. notatum*), e conseguiu isolar o composto antibacteriano produzido, que denominou penicilina. Os resultados foram publicados um ano depois, sendo amplamente ignorados pelos poucos que os leram.

Esse evento desperta algumas das perguntas mais inquietantes da história médica e científica: qual é o lugar da sorte nas descobertas científicas? E se Fleming tivesse sido só um pouquinho mais organizado? E se aquela cepa específica de fungo — uma cepa que, como se descobriu posteriormente, havia sido uma enorme hiperprodutora de penicilina, muito além da taxa normal para o *P. notatum* — não tivesse pairado pelo ar até cair naquele laboratório em particular? E se o clima tivesse sido diferente e não estimulasse o crescimento do fungo? E se Fleming tivesse voltado mais cedo, antes que o fungo tivesse tempo de provocar sua marca visível na placa? E se ele estivesse preocupado, ou apenas de ressaca, e não notasse o fungo? Como seria nosso mundo nesse caso? Em termos mais práticos, será possível que coisas assim aconteçam o tempo

---

* Isso também trouxe esperança e conforto a incontáveis cientistas desorganizados, que ganharam uma excelente desculpa para largar suas coisas por aí em vez de limparem a bagunça.

todo sem que as percebamos, e que tenhamos como melhorar nossa chance de notá-las?

Com base em casos semelhantes e no senso comum, parece seguro dizermos que a penicilina teria sido descoberta mais cedo ou mais tarde e que os desenvolvimentos médicos e científicos não teriam sido radicalmente diferentes. Qualquer especulação sobre a diferença que isso teria feito para a história em geral não passa de um chute.

Vale a pena ressaltarmos dois pontos: as pessoas começaram a notar as propriedades antibacterianas dos fungos *Penicillium* antes de Fleming (ainda que ele tenha sido o primeiro a isolar o ingrediente ativo), e o próprio Fleming, ao que parece, não percebeu inteiramente, naquele momento (ou na década que se seguiu), o grande potencial de sua descoberta. Ele explorou outras opções antibacterianas que julgou serem mais promissoras, fez uso da penicilina para modestos fins diagnósticos em seu laboratório e para tratar infecções cutâneas e não explorou as possibilidades clínicas da penicilina, nem tentou atrair vigorosamente o interesse da comunidade científica sobre o composto.

Por mais de uma década após sua purificação, não havia penicilina suficiente no mundo para curar um único paciente. Em 1939, os pesquisadores Howard Florey e Ernest Chain ficaram curiosos e finalmente deram atenção à descoberta de Fleming. Seguiu-se um esforço em grande escala para produzir quantidades viáveis de penicilina. Inicialmente, a produção só tinha objetivos científicos; porém, quando seu potencial pleno foi notado, o Departamento de Defesa dos EUA se envolveu na história. Para a produção em grande escala, foi necessária a colaboração transatlântica (durante a guerra, quando era muito perigoso atravessar o Oceano Atlântico) e outras grandes medidas de sorte, acaso e trabalho duro bastante concentrado, além de contribuições generosas da parte de um grande número de pessoas muito inventivas.*

Fleming merece grande parte do mérito por sua contribuição, mas a imagem popular segundo a qual ele foi o salvador solitário da humanidade presta um grande desserviço a todos aqueles que trabalharam antes e depois dele de modo a trazer a descoberta até seus estágios aplicáveis. Um momento "eureca", por mais brilhante que seja, nunca é suficiente.

Perto do final da Segunda Guerra Mundial, já havia grande disponibilidade de penicilina. Ela foi inicialmente administrada aos soldados Aliados (para substituir as drogas à base de sulfa, mais primitivas, que tinham a desvantagem adicional de serem uma inovação alemã), salvou muitas vidas e curou muitas doenças (entre elas, uma condição muito prevalente e bastante relacionada aos combates, a gonorreia).

Seguiu-se uma onda de inovações científicas, e novos antibióticos passaram a ser descobertos e produzidos regularmente. O futuro parecia mais brilhante que nunca. A humanidade havia finalmente ganhado a dianteira na luta contra o mundo natural. O átomo fora dominado para a geração de energia, o espaço sideral estava a nosso alcance e a humanidade seguia firmemente no caminho de se livrar da maldição ancestral da morte e do sofrimento causados pelas doenças — era um admirável mundo novo. Em 1967, conta-se que o cirurgião-geral

* Também foi necessária uma fruta estragada. Das mil cepas de *Penicillium* testadas, a que crescia em um melão mofado encontrado em uma feira resultou ser a melhor produtora de penicilina.

do serviço de saúde dos EUA, William H. Stewart, afirmou que a ciência médica já podia "parar de se preocupar com as doenças infecciosas" e voltar seus esforços para outras aflições, como as doenças cardíacas.*

Mais recentemente, a produção de antibióticos passou para o âmbito do mundo comercial, no qual responde a considerações de mercado, tais como facilidade de produção, preço e estabilidade. Afinal de contas, uma droga maravilhosa que perde a validade ao ser estocada por uma semana, não podendo mais ser utilizada, ou cuja produção é excessivamente cara, não tem muita utilidade.

O império contra-ataca

No fim das contas, a batalha não foi tão simples quanto parecia: a Lua continua a se mover em seu trajeto regular, e podemos ter confiança de que não se desviará quando tentarmos aterrissar nela pela segunda ou pela centésima vez; um átomo é algo difícil de dividir, mas não é cada vez mais difícil dividir átomos com o passar do tempo. As entidades biológicas, no entanto, têm um comportamento diferente — elas se adaptam.

Temos o mérito de ter antevisto a chegada do problema: os pesquisadores (Fleming inclusive) observaram, já em 1946,

* Não está claro exatamente onde, e para quem, ele disse essas palavras. Stewart disse recentemente que não conseguia se lembrar de ter feito essa declaração, e ninguém consegue encontrar uma boa fonte. Pode ser uma dessas inesquecíveis citações equivocadas — como o "que comam brioches" de Maria Antonieta — que acabam servindo como um bom alvo para a indignação moralista na geração seguinte.

que a resistência bacteriana aos antibióticos era possível. Temos também o demérito de não ter feito muito a esse respeito: recém-descobertos, os poderes dos antibióticos se mostraram tão incrivelmente úteis que tivemos dificuldade em exercitar a cautela. Além disso, por que nos preocuparíamos? As bactérias não podem evoluir *tão* rápido assim, podem? Certamente devemos ser capazes de acabar com todas elas antes que fiquem mais espertas.

Hoje em dia, temos uma noção mais clara da situação: sabemos que há grandes obstáculos ante a eliminação de toda uma espécie de bactérias patogênicas, e sabemos que as bactérias não só evoluem muito rapidamente — quando uma geração dura 20 minutos, isso é bastante fácil de acontecer —, como também ajudam umas às outras a fazê-lo.

Também estamos começando a enxergar toda a escala dos efeitos da THG, que ninguém conhecia há 50 anos: se uma espécie bacteriana consegue desenvolver um gene que a torna resistente contra um antibiótico, outras espécies podem assimilar esse gene — elas não precisam reinventar a roda a cada vez. Os patógenos resistentes a antibióticos, por exemplo, apareceram com bastante rapidez (especialmente em hospitais, onde convergem muitas doenças e muitos antibióticos), e agora estão se disseminando pelo mundo de maneira lenta, porém estável.

A situação é agravada pelo fato de que os antibióticos foram (e em grande medida, ainda são) utilizados de maneira não adequada. Alguns médicos continuam a administrá-los inapropriadamente para tratar doenças que não responderão a eles — geralmente para satisfazer os pedidos dos pacientes, para não serem vistos como negligentes, ou como uma medida de segurança geral, quando o diagnóstico é incerto. Os pacientes muitas vezes deixam de tomar sua medicação quando se sentem melhor, o que não é necessariamente o momento em que os germes prejudiciais foram exterminados de seu organismo.

O pior uso dos antibióticos, entretanto, deriva de um interesse puramente econômico: são dados rotineiramente aos animais de abate para prevenir doenças e estimular seu crescimento. Isso faz com que uma quantidade enorme de antibióticos (estimada em aproximadamente 90% de todo o contingente utilizado em todo o mundo) seja dada a animais perfeitamente saudáveis. Isso funciona bastante bem para o fazendeiro a curto prazo, mas significa que haverá muitos antibióticos desnecessários por aí, o que gera um problema: se um germe for exposto a um antibiótico a um nível abaixo do letal, ou por um período de tempo mais curto que o letal, sua chance de desenvolver resistência a esse medicamento aumenta (especialmente se a situação persistir por diversas gerações), como ocorreria com qualquer adaptação a condições ambientais. Estamos, por assim dizer, aclimatando o germe aos antibióticos.

Como resolver um problema como a resistência?

A resistência aos antibióticos ocorre por muitas razões: pode se dar pela presença de uma enzima bacteriana que desintegra o antibiótico, por uma modificação no alvo do antibiótico, de modo que uma droga que atue ligando-se a uma proteína crítica dentro do micróbio não encontre mais a proteína, ou pela presença de uma estrutura proteica chamada bomba de efluxo de múltiplas drogas na membrana externa da bactéria. Também chamada de "aspirador molecular", a bomba de efluxo elimina substâncias das células bacterianas — o que faz com que o micróbio, em um ato de grande desconsideração por todo o trabalho que tivemos para encontrar um veneno apropriado contra ele, jogue-o imediatamente para o exterior e continue a viver. Essas bombas são muito eficazes (não só com bactérias, como também em outros tipos de células, inclusive tumores cancerígenos), porque não são específicas para nenhum tipo particular de substância, conferindo resistência contra muitos antibióticos de uma só vez.

Não é fácil driblar a resistência aos antibióticos. Existem duas abordagens complementares: a primeira é fazer com que a ciência médica jogue no ataque, e a segunda é deixar que o resto do mundo melhore sua defesa.

O ataque consiste em encontrarmos drogas mais novas e melhores contra outras estruturas e mecanismos exclusivos das bactérias, ou contra os próprios mecanismos de resistência. A descoberta de novos medicamentos pode ser feita testando-se vários organismos vivos em busca de moléculas ativas (foi assim que os antibióticos se originaram, lembra?) ou pela criação racional de drogas: geramos modelos por computador do alvo bacteriano de modo a projetar uma molécula artificial que irá se ligar a ele ou inibir sua ação. A criação racional de drogas pode ser realizada em um laboratório e não requer que caminhemos pela selva selecionando milhares de moléculas, mas para isso precisamos de boas informações iniciais sobre o alvo molecular e uma potência computacional descomunal. Até agora, esse sistema tem sido menos eficaz que o método tradicional, mas temos de lhe dar algum tempo.

Uma estratégia de tratamento simples e inteligente que utiliza drogas existentes e que muitas vezes traz bons resultados é o golpe duplo: dar ao paciente dois antibióticos diferentes de uma só vez, na esperança de que, se houver ali germes resistentes somente ao antibiótico A, eles sucumbirão ao antibiótico B e vice-versa. Isso muitas vezes funciona bem, mas nem sempre: germes multirresistentes são cada vez mais comuns, e nossas opções se reduzem a cada vez que experimentamos essa estratégia.

A abordagem defensiva é mais uma questão de saúde pública: requer um aumento da consciência e leis mais rígidas para eliminar o uso desnecessário de antibióticos em humanos e animais, e essas medidas estão fora da jurisdição da comunidade médica e científica.

A regulamentação dos antibióticos, parte 2 (e um pouco de política)

Na disputa entre humanos e micróbios, o time dos microrganismos é mais rápido: eles jogam em equipe e têm mais experiência. Nós somos novatos, e os únicos aspectos que temos a nosso favor são nossa inteligência, uma certa estratégia de jogo e, potencialmente, um orçamento maior para o campeonato.

Neste momento, porém, as companhias farmacêuticas estão fazendo pesquisas em temas mais lucrativos, como doenças cardíacas, diabetes, câncer, mal de Alzheimer, obesidade e impotência. As doenças infecciosas ainda não são um problema grande o suficiente para justificar o investimento — trocando em miúdos, não há uma quantidade suficiente de pessoas em sofrimento para tornar o mercado lucrativo.* A pesquisa governamental tem recursos limitados, e ainda não há suficientes clamores públicos para chamar a atenção dos políticos. Se você está lembrado do que eu disse antes, a pesquisa sobre a penicilina só decolou quando o governo dos EUA decidiu (após ser persuadido pelo pesquisador australiano Howard Florey) que isso fazia parte do esforço de guerra. Um fato triste, na minha opinião.

Um problema bastante relacionado é a velocidade limitada na qual conseguimos avançar quando estamos falando em desenvolvimento científico: a quantidade de tempo necessária para desenvolvermos uma nova droga é medida em anos, quando não em décadas. Sempre há muitas pistas promissoras por onde podemos começar: eu já perdi há tempos o número de artigos profissionais ou propostas de pesquisa que li terminadas nas seguintes palavras: "Estas descobertas podem ter importantes aplicações terapêuticas." O problema é que as exigências a serem atendidas são tantas que somente uma minúscula porcentagem das pesquisas inovadoras acaba dando em uma nova droga ou tratamento na prateleira da farmácia ou no hospital, e o processo de separar o útil do inútil é longo e tortuoso.

Os micróbios, por outro lado, além de erigirem defesas com mais rapidez, também não se veem impedidos por considerações morais ou políticas. Quando morre um bilhão de bactérias e uma única delas resistente sobrevive, tudo correu perfeitamente conforme o esperado. Para nós, até mesmo uma única morte humana é excessiva. Temos maneiras de proteger os indivíduos — entre elas, principalmente as leis e regulamen-

* Essa é uma das limitações do sistema de livre mercado.

tações governamentais. Hoje em dia, antes que o uso de uma droga seja aprovado, é preciso demonstrar que ela não vai prejudicar ninguém, o que requer estudos clínicos prolongados (e caros). Eu não gostaria que fosse de outra forma (gosto tanto de ser envenenado por empresas quanto você), mas ainda assim trata-se de um obstáculo, e é necessário atingir um equilíbrio delicado entre segurança e urgência — um problema que as agências regulatórias enfrentam constantemente. Nos idos de 1988, por exemplo, pessoas que sofriam com a Aids cercaram o escritório central da FDA e o fecharam por um dia em protesto contra o que, para eles, era uma regulamentação excessivamente estrita que retardava a aprovação de novas drogas antivirais. Estamos morrendo *agora*, diziam, permitam que usemos essas drogas, por favor; não vamos estar por aqui mais tarde. A FDA concordou em acelerar a aprovação de drogas em certos casos, mas esse equilíbrio tenso entre os interesses da indústria, da comunidade e do governo persiste.

Nós somos o mundo?

Enquanto isso, mais de seis décadas após seu início, a revolução dos antibióticos ainda está para chegar a muitas partes do mundo. Fora dos países ocidentais, as pessoas (especialmente as crianças) continuam a morrer das mesmas velhas doenças — doenças que podem ser curadas por medicamentos já existentes e baratos, mas aos quais não têm acesso por falta de recursos. Doadores privados e organizações humanitárias decidiram recentemente assumir uma parcela da responsabilidade por essa situação, provendo fundos para financiar parte das pesquisas e tratamentos necessários para essas doenças. Na minha opinião, isso é fantástico, e espero que funcione. Também espero que esteja sendo feito com sabedoria. Além disso, ver Bill Gates e Bob Geldof concordarem em alguma coisa me traz um inesperado prazer.

Dois futuros

O que temos pela frente? Tentei procurar "profetas" na lista telefônica, mas a categoria mais próxima que encontrei foi a de "consultor financeiro" (uma estranha coincidência), portanto vou ter de apresentar os dois cenários possíveis que consigo antever:

No primeiro, as gerações futuras sofrem com bactérias resistentes e disseminadas, padecem novamente de doenças que todos já tínhamos esquecido e nos culpam por nosso egoísmo e incapacidade de prever o que viria pela frente.

No segundo, uma ou mais das linhas de pesquisa atualmente em curso geram novas soluções, e as gerações vindouras sentem pena de nós por nossas medidas primitivas e nosso sofrimento, assim como nós, hoje, sentimos pena das gerações passadas.

Estou torcendo pelo segundo futuro. É bastante possível que uma solução situada fora dos paradigmas correntes venha a nos ajudar. Fizemos enormes avanços na área da imunologia, o que melhorou nossa compreensão sobre a atuação de nosso corpo contra os invasores, e podemos encontrar novas maneiras de reforçar essas defesas. Outros desenvolvimentos, como a terapia fágica, a terapia por RNA, os probióticos (uma palavra de efeito usada por produtores de iogurte, mas que também se trata de uma área com certo potencial) ou algo inteiramente diferente do qual ainda não suspeitamos, podem vir a ser a nossa salvação, ao menos temporariamente.

O passado nos mostrou que os grandes avanços científicos muitas vezes têm origens humildes e inesperadas. Qualquer coisa que venhamos a aprender sobre os antibióticos poderá trazer a nova grande inovação — quem sabe, a próxima droga maravilhosa poderá entrar flutuando pela janela, como ocorreu com Fleming.

Exatamente o que o médico receitou

Os cientistas adoram o trabalho de pesquisa. Ele certamente os mantém ocupados. O que o resto de nós pode fazer enquanto isso é bem simples: além de tomar o remédio correto, como boas criancinhas, nosso melhor método de proteção é o mais antigo de todos — precisamos dar suporte ao complexo sistema imune que nos protege a cada momento de nossas vidas. O corpo é capaz de se defender bastante bem, e precisamos lhe dar condições para fazê-lo — atitudes simples, como comer adequadamente, fazer exercício e dormir bem. Não é uma apólice de seguros, mas vale a pena.

Uma pitada de antibiótico

Diz-se que um homem sábio aprende com os erros dos outros. Já que meu objetivo é fazer com que os leitores deste livro se tornem mais sábios que o resto de seus companheiros humanos, ofereço aqui estes conselhos dolorosamente aprendidos: depois de servir o *zhoug* verde, não lamba a colher.

Zhoug é um condimento de origem iemenita. É preparado com pimenta malagueta, alho, salsa e outros trecos admiráveis. Tem um gosto incrivelmente forte — em especial a variedade verde. Vai bem, se usado cautelosamente, com carne, peixe e outros pratos. Não vai bem com o meu sistema digestivo quando misturo uma porção tamanho pronto-socorro no meu húmus para tornar o jantar mais interessante. Ainda assim, eu cometo o mesmo erro repetidamente. Por que me tentais, ó mistura demoníaca?

Temperar; salgar; conservar as frutas no açúcar e os vegetais no vinagre; defumar a carne ou o peixe; fermentar praticamente qualquer coisa para gerar álcool; ferver; cozinhar; fritar — são muitas as maneiras incríveis inventadas por nós, humanos, para tratarmos os alimentos ao longo das eras.

Não vemos outros animais fazendo o mesmo: ninguém jamais observou esquilos apimentando delicadamente suas nozes, e as chitas não acrescentam canela a seu antílope *tartare*. Tudo bem, algumas vespas mantêm suas presas (aranhas) vivas porém paralisadas, de modo que suas crias tenham carne fresca quando eclodirem dos ovos, e a desconcertante abelha tropical *Trigona hypogea* tempera sua comida (carne semidigerida de carcaças animais) com bactérias *Bacillus* para ajudar suas larvas a digeri-la à perfeição. Elas também parecem secretar substâncias antibióticas que evitam que esse caldo de carne estrague no calor tropical. Porém, a não ser por esses casos, a culinária mais sofisticada que conheço por parte de algum organismo não humano consiste em deixar a comida ao relento, ou enterrada, até que amadureça um pouco mais. Os humanos, nós apenas, temos que complicar as coisas.

O motivo óbvio pelo qual temperamos e preparamos nossos alimentos é porque somos capazes de fazê-lo. Isso melhora o sabor, facilita a digestão e torna a comida mais interessante.

Temos mãos capazes de operar um saleiro e conseguimos domesticar o fogo — uma inovação cuja melhor aplicação de todos os tempos certamente deve ser o churrasco. Mas isso não resume toda a história. Temos boas razões para acreditar que o fato de que todas essas medidas impeçam a sobrevivência de micróbios em nossa comida não seja uma coincidência.

Este é um ponto sutil: nós não tínhamos uma preferência inerente pela comida preparada dessa maneira. Na verdade, ao longo de milhares e milhares de anos, fomos adaptando lentamente nosso paladar coletivo.* Nós, como espécie, acabamos por nos acostumar ao sabor da comida quando preservada dessas maneiras.

Não é por coincidência que a comida picante vem de países quentes. Nos lugares em que o calor estraga os alimentos com mais rapidez, temperar a comida é uma boa maneira de preservá-la — não indefinidamente, é claro, mas isso ajuda por algum tempo, quando não temos uma geladeira onde guardar os alimentos.

Condições extremas como o calor, a salinidade ou a acidez não atuam como um escudo contra os micróbios; já os vimos sobreviver em tais condições nos capítulos anteriores. Porém, é interessante notar que, como regra, os microrganismos que conseguem sobreviver em condições extremas não causam doenças. Um micróbio que cause uma doença infecciosa é, quase por definição, aquele cujas condições ideais de crescimento estão muito próximas às encontradas dentro do corpo humano. Faz sentido, não é mesmo?**

---

* Naturalmente existem variações regionais e pessoais.

** Uma exceção bastante conhecida e da qual já falamos são os micróbios esporulantes: eles conseguem sobreviver em condições inóspitas dentro de seus esporos, e então retornam à forma ativa ao infectarem o hospedeiro.

Você talvez tenha se perguntado por que eu incluí o açúcar na lista de conservantes. Desde quando o açúcar é uma substância antimicrobiana? Será que estou sendo financiado por algum produtor de pirulitos?

O que temos que entender aqui é que concentrações diferentes de substâncias afetam os micróbios de distintas maneiras. Os microrganismos preferem certas condições: a barreira entre seu ambiente interno e o resto do mundo é muito fina, e seu contato com o mundo exterior, portanto, é bastante intenso. Uma geleia ambiental repleta de açúcar ou sal provoca o caos em seu metabolismo — a água literalmente será sugada de seu interior pela alta concentração de solutos existente do lado de fora. Em concentrações reduzidas, o açúcar e o sal podem se tornar uma ameaça, pois os micróbios os buscam avidamente. O apodrecimento dos dentes, por exemplo, é causado por micróbios que vivem em nossos dentes à espera do açúcar que passará por lá. Eles ficam por ali secretando um ácido que dissolve o esmalte protetor de nossos dentes — este é apenas um efeito colateral de suas vidas; eles não têm a intenção de causar qualquer dano (um fato que certamente dará a você um grande consolo quando tiver que pagar a próxima conta do dentista).

Os condimentos, por outro lado, têm uma relação diferente com os micróbios. São encontrados em plantas vivas, defendendo-as da invasão de micróbios de diversas maneiras. Quando colocamos manjericão ou orégano em um prato, o que estamos fazendo é temperá-lo com antibióticos naturais. O alho e a cebola estão no topo da lista quando falamos em força antimicrobiana — e consumir esses alimentos também previne doenças de outra maneira: eles evitam que as pessoas se aproximem de nós, o que minimiza nossa chance de pegarmos qualquer resfriado, gripe ou DST que esteja passando por aí.

FAIXA BÔNUS Nº 5: Minha amada

Como pude ter feito isso contigo? Estivemos juntos por tanto tempo. Doze anos se passaram desde nosso primeiro encontro. Não lembro onde foi que o acaso nos aproximou pela primeira vez, mas tens estado comigo desde então.

Tu sabes, tanto quanto eu, que nossa união foi turbulenta desde o início. Já naqueles cálidos primeiros dias, muitas vezes desejei que te fosses. Escondi tua existência de todos os meus conhecidos — muitos são os que desdenham de encontros como o nosso. Eu não poderia suportar a ideia de expô-los publicamente, e sempre tive de guardar o tempo que passamos juntos como algo intensamente privado.

Oh, mas quanta alegria me trouxeram esses momentos. Os prazeres da carne tornados duas vezes mais doces, por ilícitos. O êxtase passado nesses breves momentos roubados; e ainda assim, eu me arrependeria após cada encontro. "Nunca mais", repreendia-me, "entregar-me-ei a essas paixões primitivas, animais. Este é um caso maldito que só me trará a desdita."

Por vezes, convenci-me de que te havias ido definitivamente de minha vida — um tema do passado, a ser recordado com a mescla apaziguante da nostalgia e da compunção, isto quando rememorado. Porém, uma e outra vez regressaste a mim, chamando-me com a brisa do verão, e eu aquiesci. Posso dizer, em minha defesa, que nem uma única vez aspirei apressar tua chegada ou delongar voluntariamente tua estada, mas estou perfeitamente ciente de que estas não passam de meras escusas.

A princípio, eras modesta e comedida — satisfeita com teu lugar em minha vida. Mas com o passar dos anos, tornaste-te mais exigente, tuas visitas mais acaloradas, e as marcas que me deixavam, mais indeléveis. Tentei chamar-te à razão. Falei: "Sou agora um homem tomado — não posso mais prosseguir com isto." Mas tu persististe, e nada pude fazer ante teu ardente canto de sereia, quando este se aproximava.

A última gota, minha querida, veio quando surgiste mais uma vez, no verão passado, fervente como sempre. Guardarei eternamente essa temporada com apreço em minha memória, pois foi um tempo apaixonado, e meu prazer atingiu alturas que eu jamais conhecera contigo. Ainda assim, tu te tornaste ainda mais possessiva. Não te limitavas ao lugar em que sempre te havias mantido, querias expandir-te, explorar. Necessitavas apropriar-te de mim como nunca antes.

Eu não podia com isso. Nossa relação chegava ao ocaso. Eu já não era o jovem despreocupado que fora quando nos conhecemos. Tentei encerrar nosso caso com delicadeza; um rompimento puro e amigável — mas tu não o aceitaste. Não te culpo, pois eu deveria ter sido mais rigoroso desde o início, jamais poderia ter permitido que te aferrasses a mim. Peço perdão, minha querida. Não me deste opção além da derradeira.

Por fim, executei o feito. Permiti que meu coração endurecesse, ignorei as tuas súplicas e te sufoquei repetidamente, até que perecesses.

Agora te fostes, *Tinea pedis*, partiste de meu pé esquerdo para sempre. O creme antifúngico cumpriu bem sua função. Ainda assim, lembro-me de ti com carinho. Um envolvimento com alguém como tu não passava de um tabu em nossa sociedade, e qualquer traço de satisfação extraído da experiência jamais poderia ser mencionado. És algo do qual devemos nos livrar, e não saborear — ainda assim, suspeito não ser o único mortal a ter sucumbido a tal pecado. Por vezes me surpreendo contemplando o lugar que guardavas, ali entre o segundo e terceiro dedos de meu pé, e a pontada pungente e inebriante da proibição ecoa novamente em minha memória. Jamais te esquecerei.

6. Bichinhos no trabalho

Quando imaginei um mundo sem micróbios no início do Capítulo 5, falei algo sobre o extermínio total da vida como a conhecemos, antes de passar rapidamente ao descarte de eletrodomésticos da linha branca e escovas de dentes. Eu talvez tenha sido muito apressado ao desconsiderar esse assunto. Parece que a vida, apesar das unhas encravadas que arrumamos por aí, é algo bom de se ter. De fato, as pesquisas mostram que as pessoas vivas tendem a ser mais criativas, mais bem-sucedidas em seus trabalhos e dão melhores parceiros românticos que suas correspondentes não vivas.

A vida se desenvolveu e é mantida continuamente por uma grande e incansável equipe de apoio unicelular. Este é um tema simples, mas que precisa ocasionalmente ser enfatizado: a vida na Terra depende completa e fundamentalmente da existência e das ações dos micróbios.

Tudo o que importa

Existem centenas de elementos diferentes no universo, mas a vida na Terra se baseia principalmente em quatro: carbono, hidrogênio, nitrogênio e oxigênio.

Toda a vida — todas as coisas irrequietas, gosmentas, peludas, barulhentas, tudo o que voa, nada, gorjeia, infecta, procria, entra em litígio — é formada fundamentalmente por combinações de apenas quatro tipos de átomos. Nós humanos categorizamos essas combinações com base em sua estrutura e função e lhes damos nomes: proteínas, DNA, RNA, carboidratos (açúcares), lipídios (óleos e gorduras) — os blocos básicos da vida. Em última análise, quando os examinamos em seus aspectos mais básicos, eles não passam de diferentes variedades de cadeias de carbono salpicadas ou cercadas por átomos dos outros três elementos, além de alguns átomos ocasionais de umas poucas dezenas de outros elementos (como ferro, manganês, cálcio, magnésio e potássio, para citar alguns) colocados estrategicamente em certos pontos, nos quais executam seu máximo efeito. Esses outros elementos são muito importantes, mas só são necessários em quantidades bem pequenas. Por exemplo, um único átomo de ferro forma o centro de cada molécula de hemoglobina em nosso sangue. Sem ele, a hemoglobina não seria capaz de se ligar ao oxigênio, o que nos faria sufocar.

Todos os organismos vivos também precisam de energia, que eles obtêm comendo outros seres vivos ou então diretamente do Sol. Essa energia é usada rapidamente — sendo utilizada, em grande medida, para a movimentação (em humanos, graças aos músculos) e outras funções corporais. Em qualquer processo, jamais existe uma eficiência de 100% (embora devamos dizer que muito poucos motores criados por seres humanos sequer aspiram à eficiência de nossos processos fisiológicos), e uma grande parte da energia se perde, principalmente por meio do calor.

Os seres humanos e animais obtêm a maior parte das substâncias necessárias para construir e manter seus organismos (e substituir de tudo, desde as células mortas da pele até o carbono que emitimos ao expirar, na forma de dióxido de carbono) a partir dos alimentos.

Por outro lado, o planeta Terra é praticamente um sistema fechado: ele não recebe nada do exterior, a não ser pela luz do Sol e um ou outro meteoro insignificante. As criaturas vivas estão envoltas em ciclos intermináveis nos quais diferentes moléculas e átomos mudam constantemente de forma, local e função. Essa é a dança da vida, cuja beleza é maravilhosa de se ver, uma vez que entendamos o que estamos observando.

É graças a esse ciclo da vida que eu guardo um ressentimento particularmente forte contra o termo "cadeia alimentar". Se algo é consumido em uma cadeia, uma série de elos numa só direção, acabará por se esgotar. A vida na Terra é mais parecida com um complexo aparelho movido a pilha: o Sol é a bateria, por assim dizer, e todo o resto se move dentro do planeta em círculos complicados. Não é uma cadeia — é um círculo completo no qual o maior dos predadores é devorado, no final, por criaturas menores.

A função dos micróbios nisso tudo é fundamental. Eles inicialmente estabeleceram esses ciclos no tempo em que eram os únicos que andavam por aí. As bactérias foram os painéis solares originais: elas realizaram o feito notável de capturar a energia solar dentro de moléculas (e, como vimos, liberaram oxigênio para a atmosfera como efeito colateral), gerando a energia que os demais habitantes da Terra poderiam por sua vez utilizar. As plantas de hoje (seus descendentes multicelulares) fazem o mesmo, mas as bactérias fotossintéticas ainda são responsáveis por captar a maior parte da abundante energia solar utilizável. Depois, no outro extremo do círculo, diferentes micróbios (juntamente com um grande conjunto de coisas repulsivas e rastejantes) recolocam em circulação os elementos e compostos de que o resto de nós precisa.

O ciclo da vida não envolve apenas coisas vivas: grande parte de seus elementos vitais não se encontra dentro de organismos vivos em nenhum momento — por exemplo, a maior parte da água está em oceanos, lagos e nuvens, e não em nossos corpos, a maior parte do ferro está no solo e a maior parte do nitrogênio está na atmosfera. Esses elementos formam nossos ciclos biogeoquímicos (aqueles que ocorrem entre corpos geológicos e biológicos); porém, para que eles entrem no ciclo da vida, é necessário um bom número de reações químicas fundamentais que somente os micróbios realizam (por seus próprios interesses metabólicos). O resto de nós depende dos micróbios para obter um suprimento constante de moléculas utilizáveis que nos permitem seguir em frente. O enxofre é um bom exemplo.

Que cheiro!

O número de maneiras diferentes pelas quais as bactérias utilizam os compostos de enxofre é impressionante. Tomemos, por exemplo, o sulfeto de hidrogênio (H_2S), ou ácido sulfídrico, o gás fedorento que nos faz enrugar o nariz sempre que alguém solta um pum. Algumas bactérias podem usá-lo para oxidar moléculas orgânicas (isso significa, trocando em miúdos, que quando não há oxigênio disponível para respirar, essas bactérias utilizam enxofre). Outras o utilizam no lugar da água durante o processo de fotossíntese (H_2O e H_2S — você consegue enxergar as semelhanças?). Ainda outras bactérias o utilizam não como ar ou água, e sim como combustível.*

Em corpos bacterianos, e também no nosso, um pouquinho de enxofre é indispensável para manter a estrutura de praticamente toda molécula proteica. As plantas e micróbios absorvem o enxofre do solo ou da atmosfera e o incorporam (ou "fixam") nos aminoácidos, que são os blocos de construção das proteínas. Algo então se aproxima e come a planta ou o micróbio, depois algo come a primeira coisa que comeu a planta ou micróbio e assim continua o processo, no qual os aminoácidos "caminham" de organismo em organismo até chegarem a, digamos, este que vos escreve. Quando chegar a minha hora e meu corpo finalmente repousar, meus aminoácidos contendo enxofre serão desmantelados pelas bactérias, tornando-se novamente H_2S. Agora, um comentário menos funesto: a degradação das proteínas em H_2S também é feita em nossos intestinos, pelas bactérias. Então, você pode culpar *a elas* por esse estranho cheiro aí da sala.

Um novo e melhorado arroto de ovelha

Um fato bastante conhecido é que, ao contrário dos humanos, as vacas (juntamente com as ovelhas e outros ruminantes) conseguem digerir pasto. Um fato menos conhecido é que as

* Qualquer tentativa de explicar esse processo mais detalhadamente levará rapidamente à utilização do termo "potencial de oxidação/redução", o que, como a barra claramente indica, não é para os fracos de coração. Explicado em termos simples: toda a química da vida pode ser resumida à direção em que os elétrons se movem.

vacas (juntamente com as ovelhas e outros ruminantes) na verdade *não conseguem* digerir pasto.

A única razão para a superioridade bovina nesse campo (desculpe!) é que elas trapaceiam: as vacas têm, escondido dentro de seu rúmen, uma equipe complexa de micróbios especializados em digerir capim que desmonta a celulose — a fibra resistente que constitui as paredes celulares das plantas, tornando-as indigeríveis para os seres humanos.

Imagine como seria se os humanos possuíssemos isso — poderíamos nos livrar dos intermediários bovinos, indo direto à fonte. Mas no modo como as coisas são, não temos outra solução além de nos atermos ao bife e ficarmos longe do pasto.*

Vivendo em meio a esses decompositores de celulose no intestino dos ruminantes há organismos metanogênicos — uma classe de arqueia que produz o gás metano como subproduto de sua atividade. O metano não é usado por mais ninguém dentro do ruminante, sendo expelido por seu orifício dianteiro ou traseiro. Isso é um problema: o metano é um potente gás causador do efeito estufa, e a metanogênese é uma importante questão ambiental, especialmente na Austrália e na Nova Zelândia (os arrotos de ovelhas são responsáveis por cerca da metade das emissões anuais de gases do efeito estufa na Nova Zelândia).

Os cientistas estão à procura de soluções. Um grupo de pesquisa australiano está desenvolvendo uma vacina para eliminar os micróbios metanogênicos do rúmen. Outra solução poderá vir de uma fonte inesperada: os cangurus são ruminantes, mas não produzem metano. Em vez de organismos metanogênicos, eles possuem micróbios intestinais que

* Ou desprezar inteiramente as vacas e nos tornar vegetarianos.

produzem compostos à base de acetato, que não é um gás do efeito estufa, podendo ser usado pelo animal como fonte de energia. Se os pesquisadores conseguirem substituir as arqueias metanogênicas do gado por esses micróbios de canguru (o que, veja bem, não é uma tarefa nada simples), terão produzido uma ovelha (ou vaca) mais ecológica, com uma fonte adicional de energia, o que significará uma economia para o fazendeiro, que terá menos gastos com a alimentação do gado. Além disso, terão certamente criado a solução mais australiana de todos os tempos.

Laptops movidos a carvão

Eu gosto da famosa música do R.E.M. "Shiny, happy people". É uma boa música, tem um excelente videoclipe que mostra um grupo de pessoas dançando e pulando animadas enquanto uma tela com imagens brilhantes e alegres roda atrás delas, movida por um senhor idoso que pedala laboriosamente uma espécie de bicicleta estacionária.

A imagem ficou em minha mente. Quando olho para alguma coisa, tento espiar além do brilho visto no primeiro plano e pensar no funcionamento por trás do fenômeno. Às vezes isso não é uma boa ideia — absolutamente nada de bom virá de imaginar qual será o aspecto da cozinha enquanto jantamos em um restaurante. Como regra geral, porém, recomendo um estado mental que preserve a realidade das coisas — isso serve como um antídoto contra a noção fantasiosa de que podemos obter algo em troca de nada, uma noção que nos tenta a cada instante.

Pense no apetrecho mais avançado que você possui. Talvez um laptop? Um tocador de MP3? Um GPS? Agora repita consigo mesmo: "Este aparelho é movido a carvão."

A menos que você esteja ligado a um fornecedor de energia verde ou receba sua eletricidade a partir da simpática usina nuclear situada na sua vizinhança, a fonte da eletricidade que abastece sua casa e recarrega o seu telefone celular é muito provavelmente o carvão. Um computador movido a carvão — não é absurdo imaginar algo tão moderno e avançado conectado a uma fornalha que cospe fumaça? Ainda assim, excetuando-se alguns intermediários, isso é exatamente o que acontece. O único motivo pelo qual não enxergamos esse fato é por termos instalado sabiamente nossas fornalhas em locais distantes, fora dos limites da cidade, onde construímos turbinas e geradores para converter o carvão em eletricidade e esticamos cabos para nos trazer a energia. Sem o carvão, e sem alguém para cavar esse carvão da terra e entregá-lo para nós, todo o sistema seria desligado.*

Não tenho nenhuma intenção de entrar no aspecto humanitário da questão. Pessoas mais sábias que eu têm travado extensas discussões sobre a política dos recursos naturais e do

---

* Nesta seção, o autor faz suas observações a partir de um modelo elétrico baseado em termelétricas, usinas que geram eletricidade a partir da queima de combustíveis fósseis — em geral, carvão, gás natural ou óleo combustível. É o modelo adotado na maioria dos países ricos (e representa 41% da geração mundial de eletricidade). Na Austrália, por exemplo, país em que o autor trabalha, a matriz energética é centralmente à base de carvão (76%, é o terceiro colocado no mundo em termos de uso relativo desse recurso para gerar eletricidade). No Brasil, a base da matriz elétrica é hídrica (81%), não envolvendo alta presença de carvão — embora o país tenha termelétricas, elas representam uma pequena parcela da geração. (N.E.)

trabalho que ela exige. Ainda assim, quero realmente observar mais de perto a fonte dessa energia.

O carvão é uma forma de matéria orgânica morta há muito tempo que — a não ser por dinossauros ocasionais — é composta principalmente por matéria vegetal degradada por micróbios, tendo sido soterrada e sujeita a grandes pressões e temperaturas ao longo de centenas de milhões de anos. O petróleo e o gás natural também são restos de matéria orgânica (microbiana, em grande medida) morta — o seu carro queima micróbios como combustível! Como os plásticos são derivados do petróleo, também podemos colocá-los na equação. Nossa economia, tecnologia e estilo de vida se baseiam no consumo desses enormes depósitos ancestrais de restos vegetais e microbianos, que são convertidos em energia e usados para nossas necessidades.

Não estou sugerindo que deveríamos nos sentir mal com isso, nem nada do gênero. Não temos nenhum motivo para sentir qualquer gratidão ou apreço por nossos benfeitores falecidos (eles são plantas e micróbios — e mortos). Só estou mencionando esse fato para que possamos entender e recordar qual é a base de nossa vida atual e, além disso, aceitar que essa base irá, em algum momento no futuro, começar a se esgotar. A velocidade na qual a nova matéria orgânica está se acumulando é minúscula quando comparada à velocidade com que a estamos usando. Deveríamos estar pensando seriamente em substituir nossas fontes de energia de maneira gradual, para que nossas vidas brilhantes e alegres, com seus confortos movidos a micróbios mortos, não se vejam subitamente interrompidas.

A enrascada em que nos metemos

Feche os olhos e tente imaginar um mundo que não tenha bolsas plásticas.* Quando tiver terminado, experimente imaginar a vida inteiramente sem plásticos. Agora abra os olhos e tente contar cada item de plástico (ainda que parcialmente) que você vê ao seu redor neste momento, onde quer que você esteja.

Nos últimos 50 anos, por aí, a tecnologia humana trouxe ao mundo uma classe inteiramente nova de materiais. Por serem tão novos, e por terem sido criados artificialmente, os plásticos não fazem parte dos ciclos regulares da natureza. Por um lado isso é bom — não queremos que os fungos andem por aí comendo as nossas coisas —, mas esses materiais trazem um novo problema: *como* vamos degradar a enorme quantidade de lixo plástico que geramos continuamente?

O problema se torna ainda pior quando pensamos nas substâncias químicas artificiais que são ativas, e não inertes. Uma boneca ou um pires de plástico podem não ser degradáveis, mas são feitos de substâncias químicas inertes que não causam danos ao corpo. Entretanto, há objetos feitos de moléculas artificiais que são ativas e podem prejudicar a nós e a outras formas de vida, seja como efeito colateral de sua função (tintas, solventes e lixo industrial, por exemplo) ou como parte de seu propósito. Os pesticidas são um importante exemplo desta última categoria: um pesticida eficiente deve ser nocivo às pragas, mas inofensivo para a planta sobre a qual é pulverizado, para a pessoa que pulveriza a plantação e para quem for comer o produto colhido. Isso é algo bastante difícil de se conseguir, e não

* Ignore a instrução se você estiver lendo este livro enquanto dirige.

é de surpreender que os primeiros pesticidas, como o DDT, não cumprissem corretamente essas exigências, criando assim problemas de saúde e ambientais quando usados extensamente.

O que é pior, os pesticidas, juntamente com os fertilizantes químicos, ficam no solo e se infiltram nos lençóis freáticos. Se acrescentarmos lixo industrial a essa sopa profana, teremos arrumado um problema que não irá embora tão facilmente.

A situação não é tão simples. Abolir os tratamentos com pesticidas e o uso de fertilizantes traria sérios prejuízos à agricultura: os fazendeiros sofreriam grandes perdas, e o preço dos alimentos subiria drasticamente. Nos países pobres, isso significaria a diferença entre a nutrição e a desnutrição para um número considerável de pessoas.* Não tenho condições de estimar qual seria o preço financeiro e, mais importante ainda, humano caso todas as pessoas passassem a consumir alimentos orgânicos, mas não seria nada fácil.

A culpa desta confusão é da ciência?

À primeira vista, é sim. Os cientistas e engenheiros foram os que desenvolveram essas substâncias nocivas. Mas temos de lembrar que a ciência é um método de pensamento, e não uma organização. Ela não possui um corpo de governo nem diretrizes centrais. Culpar a ciência não faz sentido. Culpar a tecnologia é ainda pior — isso não passa de uma palavra que se aplica a qualquer coisa, do fogo aos nanotubos, e também a um sujeito à toa em um galpão com uma chave inglesa. Dizer que a responsabilidade é da ciência, como algumas pessoas tendem

* Essa situação é semelhante à dos "antibióticos nos alimentos animais" da qual falamos anteriormente. No entanto, como as pessoas conseguem viver sem carne, mas não sem alimentos vegetais, trata-se de uma questão mais crítica.

a fazer, é apenas uma maneira de evitar pensar nas questões mais profundas. Não ajuda em nada na solução dos problemas atuais e na prevenção dos problemas futuros.

Temos que aprender com o problema dos pesticidas (e com outros semelhantes), observando onde foi que os cientistas erraram: em que momentos não foram capazes de prever corretamente o futuro, em que pontos não se viram limitados pelos preceitos éticos necessários, onde foi que seu julgamento se viu perturbado por outras considerações, em que momentos teriam sido necessárias melhores regulamentações governamentais para conter os incentivos financeiros das companhias de pesquisa e da indústria agrícola, quando é que a consciência pública deveria ter sido maior e como poderia ter sido despertada.

Depois que tenhamos feito nossa *mea culpa* e os ajustes pessoais necessários, talvez possamos tentar retificar a situação atual, e é justamente isso o que a área de pesquisa chamada biorremediação busca fazer: encontrar maneiras de converter compostos nocivos que não sejam naturalmente degradáveis em produtos inofensivos. Isso também pode ser feito por meio de processos químicos — mas os micróbios, que estão vivos, se autorreproduzem e possuem uma ampla gama de enzimas à sua disposição, geralmente fazem um trabalho melhor, mais limpo e mais barato.

Estão sendo feitos esforços consideráveis em todo o mundo para encontrar, isolar e estudar cepas de bactérias, algas e fungos que tenham as habilidades de que necessitamos para degradar o lixo tóxico. Incrivelmente, para quase toda substância química já criada pela engenhosidade humana existem organismos capazes de lidar com ela. Uma cepa de fungo come o náilon; uma bactéria se alimenta de poliéster; até mesmo o resistente poliestireno pode ser tratado pelo superdegradador *Pseudomonas putida*. Todos os materiais produzidos pelo homem, com exceção dos mais intratáveis (ou "recalcitrantes"), podem ser degradados por alguma enzima de algum micróbio — o truque está em encontrá-lo.

Um bom ponto de partida para encontrarmos o micróbio certo é dentro do próprio lixo. O processo de seleção natural faz com que um micróbio que vive em um ambiente tóxico provavelmente tenha encontrado uma maneira de tolerá-lo — ao que parece, o que não mata engorda.

Porém, localizar e isolar o micróbio certo em uma placa de Petri no laboratório é apenas o começo da solução. A etapa seguinte é ampliar o processo, criando-se uma usina de biorremediação em escala industrial que apresente uma boa relação entre custo e efetividade e tenha suporte financeiro, e então convencer toda a população a separar seu lixo e o entregar ali para que seja processado. Cada etapa está repleta de dificuldades, até mesmo as que não envolvem pessoas: só porque um fungo digere um certo tipo de plástico não significa que ele o faça de maneira eficiente, portanto temos que encontrar cepas capazes de digeri-lo de maneira especialmente rápida (como a cepa de *Penicillium* encontrada crescendo em um melão) e então ajustar essas cepas existentes para que desenvolvam uma capacidade maior de degradação, ou até mesmo extrair os genes relevantes e os inserir em outro tipo de micróbio — é o encontro da engenharia genética com os abraçadores de árvores.

O lixo misto ou radioativo é outro grande problema. No Capítulo 2, vimos que um micróbio (*D. rad.*) consegue lidar com esse tipo de lixo; porém, até mesmo o lixo corriqueiro, como o de um escritório, precisa de diversos tratamentos separados para a degradação completa (é muito difícil eliminar a tinta de impressoras a laser do papel, por exemplo), e as condições ideais para um tipo de micróbio degradante podem ser intoleráveis para outro. Na próxima vez que você discutir com seus colegas sobre o ar-condicionado do escritório, ou com seus familiares sobre o volume do rádio do carro, sinta-se grato por, ao menos, pertencerem todos à mesma espécie.

Os cientistas da biorremediação também trabalham para assegurar que os micróbios biodegradadores não saiam do controle e passem a comer as nossas coisas. Eles também se preocupam com a purificação da água e do solo, a contaminação por metais pesados, o lixo radioativo (os micróbios não têm como eliminar a radiação, mas podem ajudar a prevenir a contaminação, o que ajuda um pouco), derramamentos de óleo, qualidade do ar e muitas outras moléstias que afetam nosso mundo.

No fim das contas, porém, as medidas biológicas isoladamente, por mais bem-sucedidas que possam ser, não irão assegurar o futuro da humanidade. Uma invenção que reduza o custo ambiental de dirigir um carro é inútil se todos a usarmos como uma desculpa para dirigir mais. As soluções científicas para os problemas globais devem sempre ser aplicadas com sabedoria e devem vir acompanhadas de ajustes no pensamento e comportamento da sociedade. Em resumo, seria uma péssima ideia contar com a tecnologia para limpar a bagunça que criamos.

A classe trabalhadora suprema

"Biotecnologia" é uma palavra de efeito bem marcante. Eu achei que sabia seu significado, mas fiquei surpreso quando, no início do meu primeiro curso de biotecnologia, o professor a definiu como "o uso industrial de microrganismos para a manufatura de um produto desejado".

Sua mensagem implícita era clara: a biotecnologia não é apenas uma descrição conveniente a ser usada quando queremos impressionar as pessoas ou conseguir investimento para um projeto que tenha alguma relação com a biologia ou a medicina (e que provavelmente utilize computadores). Mas o professor estava metido em uma batalha perdida. Biotecnologia (especialmente em sua forma mais sexy, *biotec*) acabou por se tornar um termo popular e hiperabrangente, usado em todas as áreas aplicáveis das ciências naturais.

Deixando de lado as disputas sobre definições, quais são alguns dos usos industriais dos microrganismos na manufatura de um produto desejado? Muito trabalho vem sendo feito para nós por incansáveis trabalhadores microbianos. A vantagem da biotecnologia sobre outros meios de produção está no fato de utilizar a própria força da vida em nosso benefício. O princípio (assim como no caso da biorremediação) é utilizar o instinto natural de sobrevivência e reprodução dos micróbios de modo a apenas encorajá-los a seguir em uma direção que nos seja útil. Se você me permitir um aparte metafórico por um momento, é mais ou menos como um canoísta descendo o rio: ele precisa somente de habilidade para controlar sua canoa, e a correnteza fornecerá a energia.

O uso de micróbios na indústria não é novo. Nós já fermentamos vinho e cerveja, assamos pão e fazemos iogurte (todos processos baseados em micróbios) há milhares de anos — muito antes de sabermos da própria existência dos micróbios, aliás. A era moderna da biotecnologia começou durante a Segunda Guerra Mundial, quando o Reino Unido precisava desesperadamente de grandes quantidades de acetona para produzir cordite — um propelente para a munição de bombas de artilharia. Um químico russo exilado que trabalhava em um porão em Manchester possibilitou a construção da primeira planta industrial de biotecnologia, usando bactérias para produzir acetona para as forças armadas de Sua Majestade.*

Na década de 1940, a penicilina já era produzida em enormes quantidades, e os cientistas estavam ficando entusiasmados — o potencial da biotecnologia para a produção eficaz de produtos trazia esperança quanto à solução de alguns dos problemas da sociedade, da fome mundial às crises energéticas. No fim das contas isso não aconteceu, mas um grande número de produtos de importância industrial (como o ácido cítrico e o malato, que você consome regularmente, mas do qual talvez não tenha ouvido falar) foram, e ainda são, produzidos por micróbios.

Nos anos 1970 foram desenvolvidas novas técnicas que permitiram aos biólogos transferir um pedaço de DNA de um organismo a outro. A técnica, chamada tecnologia do DNA recombinante, levou a biotecnologia a um nível inteiramente novo e provocou um crescimento paralelo na preocupação pública com o tema e nas discussões sobre segurança (algumas delas justificadas, outras nem tanto).

Um grande avanço veio em 1978, quando o gene da insulina humana foi inserido em um *E. coli*. Antes disso, as pessoas que sofriam de diabetes recebiam insulina de porco ou de vaca, pu-

---

* Depois de uma série complicada de acontecimentos, esse evento também levou a interessantes desenvolvimentos não científicos, como a formação do Estado de Israel algumas décadas depois, tendo o mesmo químico, Chaim Weizmann, como primeiro presidente.

rificada a partir do pâncreas do animal. Era um processo caro e que às vezes causava reações alérgicas. A insulina produzida pelo *E. coli* é barata e não alergênica, e suspeito que os porcos estejam agora um pouco mais contentes.

Hoje em dia, a biotecnologia permite a produção de muitos compostos industriais e médicos usando micróbios, entre eles vacinas, hormônios, antibióticos — a lista é grande.

Entrega especial

O câncer, como você bem sabe, é um pesadelo. Por se tratar, em essência, de uma traição — uma de nossas próprias células renuncia a seu lugar adequado no grande esquema das coisas e se multiplica irrestritamente —, a medicina tem muita dificuldade em curá-lo: as diferenças entre as células desertoras e as normais são muito pequenas. A quimioterapia e a radioterapia são nossas melhores opções terapêuticas, mas ainda assim podem ser dolorosamente nocivas para o organismo. Precisamos de algo que possa atingir especificamente as células cancerígenas. É aí que talvez encontremos ajuda em um parceiro inesperado — nosso inimigo ancestral, o vírus.

Os vírus não são generalistas. Um vírus que infecte um corpo humano é capaz de aderir, invadir e se replicar somente em tipos específicos de células. O da gripe, por exemplo, infectará células respiratórias de um certo tipo, e não será encontrado em células do fígado ou do cérebro. Será então que podemos utilizar essa especificidade para fins terapêuticos? Criar uma espécie de "bala mágica" para uma das piores aflições da humanidade? É uma ideia tentadora — pegue um vírus, infecte a pessoa e livre-se do tumor.

Naturalmente, não é tão simples assim. Em primeiro lugar, devemos encontrar ou produzir um vírus capaz de infectar as células tumorais; depois temos que garantir que ele infectará somente (ou ao menos principalmente) as células tumorais, caso contrário estaremos diante de uma infecção viral. O vírus também precisará passar pelo corpo sem ser detectado, para que o sistema imune do paciente não o destrua. O câncer tende a sofrer mutações muito rápidas, e a terapia viral anticancerígena também deverá considerar esse fato. Claramente existem muitos obstáculos. Mas também há lampejos de esperança. Um grupo de pesquisa britânico, por exemplo, iniciou estudos clínicos com um *adenovirus* "furtivo", que é essencialmente um vírus causador de resfriados modificado, revestido com um polímero artificial que lhe permite trafegar em segurança pelo sangue até seu destino. No momento em que uma única partícula viral infecta uma célula tumoral, ela se livra de seu revestimento e se replica dentro da célula, gerando milhões de assassinos específicos na vizinhança das células tumorais. Pode ser interessante acompanhar essa linha de pesquisa.

Também é possível utilizar mensageiros virais para transportar drogas até o local exato em que são necessárias, o que elimina a necessidade de inundar todo o corpo com a substância quando apenas uma pequena percentagem do medicamento acabará por chegar ao local desejado (que é o que fazemos sempre que tomamos um remédio). Para isso, não deveria sequer ser necessário um vírus inteiro: podemos pegar umas poucas proteínas que determinam a especificidade do vírus, colocá-las em um revestimento criado por nós mesmos e o injetar no corpo. Isso reduz a praticamente zero a chance de que um vírus cause problemas indesejados.

A aplicação mais ousada dos vírus, no entanto, ocorre na terapia gênica direcionada: em pessoas com transtornos genéticos inatos, herdados (genes defeituosos), é possível utilizar um sistema viral para inserir uma cópia funcional desse gene nas células específicas que precisam dele.* Talvez ainda chegue o dia em que condições como a fibrose cística ou o daltonismo poderão ser curadas pela infecção calculada por um vírus terapêutico.

Minimineiro

Você gostaria de aprender a produzir ouro a partir da água? Não vou vender esse conhecimento assim tão barato. Primeiro, você terá que aprender sobre outros micróbios que atuam sobre o metal — vamos começar com o *Acidithiobacillus ferrooxidans* (*A. ferrooxidans*).

O *A. ferrooxidans* queima metal e se alimenta de ar. Essa bactéria, encontrada por toda parte, é capaz de fixar dióxido de carbono e nitrogênio a partir do ar, para uso próprio. Em si mesma, essa capacidade não é tão especial: já apresentei, no Capítulo 4, outros fixadores de nitrogênio, e assimilar o dióxido de carbono é um truque que toda planta ou micróbio fotossintético consegue fazer na presença de luz solar (o *A. ferrooxidans*, por sinal, não é fotossintético).

* Avanços recentes na pesquisa com células-tronco também utilizam vírus para inserir genes reprogramadores em células.

O que o torna interessante — não só para cientistas, como também para empresários — é sua capacidade de oxidar metal para obter energia, da mesma maneira como nosso corpo oxida glicose. Dadas as condições apropriadas, quando esta bactéria é pulverizada sobre um minério, ela é capaz de extrair dele o metal valioso — um processo chamado biolixiviação. O método convencional para extrair metais de minérios é químico, e não biológico, mas os seres humanos já vêm minando metais há algum tempo, portanto os melhores depósitos já se esgotaram e a qualidade do minério está ficando cada vez pior — e é por isso que a biolixiviação está se tornando comercialmente viável.

O método tem seus problemas — em primeiro lugar, porque os micróbios funcionam mais lentamente que substâncias químicas —, mas à medida que o conhecimento for sendo aprimorado e a qualidade do minério piorar, a popularidade da biolixiviação vai aumentar. Os processos de biolixiviação já são usados extensamente na mineração do cobre, assim como na de outros metais valiosos como zinco, níquel e urânio.

As bactérias também têm sido úteis na mineração do ouro. Ele ocasionalmente é encontrado firmemente preso (ocluso, para usar o termo técnico) dentro de certos minerais. Diversos micróbios conseguem provocar a oxidação desses minerais, convertendo-os em íons solúveis, o que expõe o ouro em seu interior. Mas não é como se houvesse uma pepitinha escondida lá dentro — essa exposição ocorre ainda no nível dos átomos. Mas, agora, os processos químicos habituais podem ser aplicados para extrair o metal precioso. Os micróbios não empunham picaretas nem operam maquinaria pesada, mas podem poupar uma boa dose de operações químicas e permitir que o minério de baixo grau seja comercialmente explorável.

Não é fácil ficar rico assim, com tantas escavações e extrações. Felizmente, o ouro ainda é encontrado em locais mais acessíveis, como na água comum. Sim, existe uma quantidade mínima de ouro dissolvido ali — tudo o que precisamos é de uma maneira de concentrá-lo, e ficaremos ricos... Rá, rá! Uma bactéria felizarda, *Pseudomonas stutzeri*, conhece o segredo. Ela consegue oxidar os íons de ouro que flutuam na água, convertendo-os em ouro sólido — uma pedra filosofal viva, ainda melhor que aquela que os alquimistas medievais buscavam em vão. Infelizmente, essa aplicação não é muito lucrativa. A quantidade do metal precioso que pode ser obtida dessa maneira é pequena demais para valer a pena. Pelo visto, vamos precisar encontrar alguma outra maneira para ficar milionários.

Bzzzt

Usei a palavra oxidação algumas vezes na última seção. Esse é um termo técnico que significa "transferência de elétrons". Livrar-se de elétrons é algo que os micróbios, como todos os seres vivos, precisam fazer o tempo todo.*

Como a palavra sugere, o oxigênio é um bom aceptor de elétrons, estando frequentemente envolvido nessas reações. Entretanto, às vezes não há oxigênio disponível, e os micróbios encontram outras maneiras de realizar a oxidação, como, entre muitas outras, pela produção de álcool. Há bem pouco

---

* Você talvez já tenha feito o mesmo, caso tenha respirado alguma vez na vida.

tempo foi proposta outra maneira: achados recentes sugerem que certas bactérias, que vivem profundamente dentro do solo, onde não há oxigênio nenhum, desenvolvem fibras longas e muito finas chamadas nanofios, cuja função é transportar os elétrons excedentes e os despejar em depósitos de metais.

Isso pode parecer estranhamente familiar. Elétrons em movimento também são conhecidos como "correntes elétricas", e as fibras que os transportam costumam ser chamadas "fios elétricos". Como esse achado só foi possível devido a novas técnicas microscópicas, não há como saber o quanto essas estruturas são comuns. É possível que o solo debaixo de nossos pés esteja repleto de atividade elétrica, e certas especulações chegaram a sugerir a possibilidade da existência de redes elétricas microbianas comunais.*

Os pesquisadores estão pensando que talvez possamos usar esses nanofios para produzir circuitos elétricos muito pequenos, ou até mesmo para fazer chips produzidos por micróbios. Vai levar um bom tempo, porém, para que consigamos até mesmo descobrir se é possível cultivar um chip de computador, quanto mais para efetivamente chegar a produzi-lo.

Outra inovação chamada célula de combustível microbiana se encontra em um estágio menos especulativo. Trata-se de um apetrecho que funciona com base no princípio de que podemos utilizar a capacidade microbiana de transportar elétrons para alimentar eletricamente nossos aparelhos. Se enfiarmos um

---

* Já que ninguém lê as notas de rodapé mesmo, vou me brindar com a apresentação de uma noção realmente ousada, que parece retirada de histórias de ficção científica: as redes elétricas não são usadas apenas para conduzir energia, mas também para as comunicações. Nosso cérebro é uma coleção de células interconectadas por fibras condutoras. Pense nisso.

eletrodo em um ambiente no qual os micróbios precisam desesperadamente de elétrons e o conectarmos a outro eletrodo em um local em que haja um excesso de elétrons, teremos uma bateria que durará pelo tempo em que esses micróbios viverem ali — o que pode ser para sempre.

Essas células de combustível ainda são uma fonte muito fraca de energia elétrica. Porém, mesmo em sua forma atual, podem ser úteis para alimentar coisas como monitores subaquáticos profundos (trocar pilhas no fundo do oceano é uma tarefa complicada, afinal de contas). No futuro, se os pesquisadores e engenheiros conseguirem aprimorar a tecnologia, essa poderia ser uma descoberta incrível — poderíamos produzir energia a partir de esgoto, restos de alimentos, gases tóxicos ou praticamente qualquer outra coisa. Energia a partir de lixo e poluição? Boa.

Outro uso potencial para as células de combustível microbianas poderia ser substituir as baterias de dispositivos implantados em nossos corpos — pequeninos aparelhos eletrônicos que podem estimular células nervosas para ajudar a devolver a alguém a audição ou a visão, ou ajudar na recuperação de vítimas de mal de Parkinson ou de lesões graves na coluna. Um grupo canadense de pesquisadores recentemente anunciou ter desenvolvido um protótipo de uma célula de combustível que usa uma cepa de levedura (*S.cerevisiae*, o fermento de pão comum) para produzir eletricidade — eles se alimentam de uma parte da glicose que corre naturalmente por nosso sistema circulatório, para gerar pequenas correntes elétricas que poderiam manter esses dispositivos funcionando para sempre. Isso ainda está na fase de "prova de conceito" (o nome técnico para "não fique esperando") e apresenta ainda muitos problemas a serem resolvidos, mas funciona: aquela amistosa levedura vampira poderia de fato eliminar a necessidade de uma inconveniente e custosa cirurgia para uma troca de pilha.

Nosso último vislumbre do futuro vem do Japão, onde, em homenagem a Einstein, a mensagem "$E=mc^2$ 1905!" foi traduzida para o código binário, "escrita" em pares de bases do DNA e inserida em uma bactéria, para mostrar que é possível armazenar dados dentro de micróbios. Módulos de memória vivos trazem certas vantagens interessantes: não podem ser apagados como os meios magnéticos que utilizamos atualmente e fazem cópias de si mesmos. Se for possível resolver algumas complicações, como a prevenção de erros e outras, um dia talvez possamos salvar nossos arquivos em estranhos formatos retorcidos.

Além disso, no futuro a técnica poderia ser usada para escrever em um organismo geneticamente modificado, em linguagem simples, o que aquela coisa é — algo entre usar um código de computador e colocar uma etiqueta de identificação em uma ave. Um cientista ou médico do futuro talvez possa isolar um micróbio, sequenciar seu DNA e ler: "Esta cepa foi desenvolvida pelo Prof. M. A. Landro, InteliLabs Ltda., outubro de 2032." Ou, se a situação sair do controle: "Oferta especial — 50% de desconto em todos os produtos da InteliLabs para quem apresentar este microvoucher." Talvez cheguemos até a enviar micróbios do amor uns aos outros — *Mensagens de amor com DNA!* — ou, para os que têm uma tendência à ironia, uma mensagem de melhoras codificada no micróbio que causa a doença. O que importa é a ideia.

FAIXA BÔNUS Nº 6: Biofuturo

O armazenamento biológico de dados é um conceito interessante, mas, ao que parece, não é suficientemente revolucionário para alguns: uma das expressões de efeito mais badaladas do momento é "biologia sintética", uma linha de pesquisa que tenta produzir, por reengenharia, formas de vida a partir de seus blocos de construção mais simples.

Tradicionalmente, tratava-se em essência de uma maneira de entender como funciona a vida existente, mas à medida que as técnicas de síntese e sequenciamento de DNA se tornaram mais rápidas e baratas, os engenheiros passaram a pensar em linhas mais radicais. Em vez de utilizarem genes de ocorrência natural, estão falando em construir módulos pequenos, padronizados e funcionais de informação biológica e encaixá-los em redes, como os componentes eletrônicos de um chip de computador. Os engenheiros não são adeptos da contemplação prolongada — eles já arregaçaram as mangas e começaram a produzir "biotijolos", que encaixaram para produzir o primeiro "software" biológico do mundo.

O "hardware" em que esses programas de DNA rodam são as formas mais simples de vida — bactérias, naturalmente. Em 2001, foi construído um *E. coli* projetado para piscar ao ser iluminado por luz ultravioleta, demonstrando assim uma ação binária repetitiva simples. Desde então, seguiram-se criações estranhas e curiosas, muitas ainda no estágio "prova de conceito", ou um pouco além disso. O meu preferido é um *E. coli* criado para exalar o aroma de bananas mentoladas, em vez de seu odor habitual, mais pungente — uma invenção que poderá fazer com que os laboratórios biológicos do mundo se transformem em um lugar ainda mais extaticamente prazeroso onde se trabalhar.*

As possibilidades dessa nova disciplina são ilimitadas, como geralmente ocorre com as coisas que ainda não foram testadas. Reescrever o código genético, produzir novos materiais e nanofabricação sob medida — tudo muito interessante. Para conter o entusiasmo, temos as preocupações habituais sobre biossegurança, bioterrorismo, guerra biológica, bioética e bio-mexer-com-a-criação em geral — preocupações sobre as quais a comunidade da biologia sintética insiste em nos reconfortar (mas tenho certeza de que eles não teriam objeções quanto a certas diretrizes externas, considerando-se sua experiência com sistemas regulatórios). Os engenheiros por trás dessas criações também ressaltam que, dife-

* Se pudéssemos, de alguma forma, introduzir esses genes de aroma doce na flora natural de nosso intestino, imagine as consequências que isso teria sobre a nossa experiência de ir ao banheiro ou — algo que um certo morador de 3kg de minha casa me faz pensar — trocar fraldas?

rentemente da engenharia genética regular, a biologia sintética será capaz de criar e usar sistemas que funcionam de maneira muito diferente dos naturais e, portanto, não deveriam representar ameaças aos seres humanos, o que torna a pesquisa nessa área ainda mais segura. Hmm.

Os resultados práticos que tudo isso poderá gerar não passam de especulações. Os visionários da biologia sintética imaginam corpos capazes de se autorrestaurar, seres humanos fotossintéticos, casas que crescem a partir de sementes e micróbios especialmente desenvolvidos que possam limpar a poluição atmosférica e colonizar Marte e Vênus, preparando a chegada dos colonizadores humanos. É fácil desdenhar de ideias tão absurdas, mas sentado aqui em meu quarto, dedilhando calmamente uma máquina de 1kg que não tem nenhum fio ligado a ela — uma máquina feita de materiais que não existiam algumas décadas atrás — e papeando despreocupado com um amigo que está do outro lado do mundo usando sinais que voam pelo ar ao meu redor, enquanto vejo a Lua brilhar na janela, com pegadas humanas em sua superfície — bom, eu me pergunto o que as pessoas considerarão "natural" daqui a cem anos.

7. Bichinhos refletindo

Quero agora parar um pouco de falar dos micróbios e voltar as luzes para aqueles que os estudam. Vamos falar do que pensamos, do que sabemos e do que achamos que sabemos. Vamos olhar duas vezes para o passado, uma vez para o futuro e, como um bônus, para um lugar que, estritamente falando, não existe.

Vou começar, entretanto, com uma história que tem todos os ingredientes necessários para um conto de fadas de sucesso: um herói, uma luta, um lampejo brilhante e um sapo.

Perfuradores

O *Xenopus laevis* (*X. laevis*) é um sapo africano bastante utilizado na biologia do desenvolvimento — uma área da ciência que tenta desvendar de que modo um ovo fertilizado cresce até se tornar um animal inteiro. Como os ovos desse animal são numerosos, relativamente enormes e crescem muito rápido, trata-se de um organismo-modelo muito importante nessa área.

Cerca de 20 anos atrás, um pesquisador estava estudando os ovários desses sapos e sua influência nos embriões. A técnica básica para obter os ovários era simples: ele pegava um sapo em um tanque de água, anestesiava-o, abria seu abdome com um bisturi, removia os ovários, costurava o sapo de volta, devolvia-o ao tanque e se punha a examinar os ovários. Certo dia, ele se fez uma pergunta que jamais lhe ocorrera (nem a mais ninguém entre as pessoas que faziam experimentos semelhantes em laboratórios de todo o mundo): por que os sapos ficavam perfeitamente bem depois de uma cirurgia tão invasiva?

Se você precisar abrir a barriga de um ser humano, terá de levar o paciente a uma sala estéril e trabalhará com instrumentos estéreis — essencialmente, tomará cuidado para que nenhum micróbio infecte o corpo aberto, caso contrário eles irão causar inflamação e problemas muito graves, até mesmo a morte. Não basta esticar a pessoa em uma mesa, cortá-la, costurar de volta e a jogar em um ambiente sujo. Como é possível que esses sapos continuassem a saltar alegremente em seus tanques de água imunda?

Hoje em dia a resposta parece óbvia, mas é necessária uma genialidade especial para notar uma situação em que tudo está bem, mas não deveria estar. E só um certo tipo de pessoa decide mudar inteiramente sua linha de pesquisa para tentar descobrir o porquê dessa situação — e foi isso o que esse pesquisador fez. A resposta que ele encontrou foi a seguinte: os sapos secretam pequenas moléculas em sua pele que atuam como antibióticos. Essas moléculas possuem carga elétrica positiva (como o lado positivo de uma pilha), de modo que, quando a molécula encontra uma bactéria, consegue entrar em sua membrana celular, que é carregada negativamente, dobra-se em uma estrutura anelar e fica ali. Isso basicamente cria um grande buraco na membrana da bactéria, complicando bastante sua vida (imagine furar uma bola ou um balão — é mais ou menos assim). O motivo pelo qual essas moléculas não afetam as células do sapo é que as membranas celulares animais são diferentes das bacterianas — não são carregadas negativamente. Portanto, o *X. laevis* consegue efetivamente esterilizar o próprio corpo, curando-se rapidamente sem maiores problemas.

Essa descoberta abriu toda uma nova área de pesquisa: até então, as moléculas microbianas eram algo produzido por fungos, bolores e plantas — e pelas próprias bactérias (para causar danos em outras espécies de bactéria); mas ninguém tinha ouvido falar de animais que as produzissem.* De fato, essas pequenas moléculas foram posteriormente encontradas em muitos outros animais, inclusive os seres humanos — elas protegem você em sua saliva, vias aéreas, sangue e muitos outros lugares. Quando você era bebê, recebeu-as pelo leite materno, o que o ajudou a lutar contra infecções bacterianas desde o primeiro dia de vida.

Vários laboratórios estão agora tentando encontrar novas variedades dessa classe de molécula para usá-las como medicamentos antibióticos. À medida que os antibióticos atuais se tornam menos úteis, essas pequenas moléculas podem vir a ser as salvadoras da humanidade no futuro.

Vale a pena prestar atenção nos sapos.

História pasteurizada

No romance histórico *Xógum*, de James Clavell, ambientado no Japão de quatro séculos atrás, há uma cena memorável em que

---

* Na verdade, essa não é exatamente a versão mais precisa. A lisozima, uma molécula antibacteriana encontrada nas lágrimas humanas, foi descoberta por Alexander Fleming anos antes que ele descobrisse a penicilina, mas viu-se que seu potencial terapêutico era limitado. Hoje em dia, é usada principalmente em laboratórios para isolar o DNA de bactérias.

o navegante inglês John Blackthorne, recém-chegado ao país, é convocado pelo soberano japonês Toranaga e submetido a um longo interrogatório. Em certo momento, Blackthorne fala a Toranaga da política europeia contemporânea: a Holanda, que anteriormente era um Estado vassalo do rei espanhol, rebelou-se e está em guerra contra a Espanha. O governador feudal nipônico, governante de uma sociedade estritamente hierárquica, fica furioso — uma rebelião contra um rei legítimo é inaceitável. Blackthorne, que corre grande risco de ter a cabeça decepada nesse ponto, diz: "Mas havia circunstâncias amenizadoras." Ainda assim, Toranaga não quer saber: "Não existem 'circunstâncias amenizadoras' quando se trata de uma rebelião contra um soberano", exclama, e Blackthorne responde: "A menos que a rebelião vença."

É um momento tenso: Blackthorne certamente morrerá por sua intolerável insolência, e as demais mil e tantas páginas terão de ser deixadas em branco. Mas não, Toranaga ri e responde: "O senhor citou a única circunstância amenizadora."

Do Japão fictício passamos à França real da década de 1860, quando irrompeu uma batalha furiosa entre cientistas, acompanhada de perto pelo público em geral (ou ao menos pelas classes mais altas, que já são um público suficiente para nossas necessidades presentes). De um lado estavam os que defendiam a teoria da geração espontânea, segundo a qual os microrganismos são criados regularmente a partir da matéria orgânica em decomposição. Do outro estavam os que afirmavam que a vida só surge a partir da vida — o principal deles era o grande Louis Pasteur, o homem cujas conquistas lhe valeram, merecidamente, o título de "pai da microbiologia" ao lado de Robert Koch.

Pasteur havia preparado soluções esterilizadas de leveduras em frascos de vidro cujos pescoços estavam dobrados de tal maneira que os microrganismos não poderiam entrar, como ele afirmou corretamente.

Qualquer forma de vida encontrada ali deveria ter sido gerada espontaneamente a partir de matéria orgânica morta, alegava Pasteur. A geração espontânea, é claro, não ocorreu: nos frascos do tipo "pescoço de ganso" de Pasteur não cresceu nenhum mofo por longos períodos de tempo. Essas demonstrações, características das habilidades técnicas e da lógica poderosa do virtuose Pasteur, praticamente encerraram o debate.

Digo praticamente porque nesse momento surgiu em cena Felix Pouchet, o principal rival de Pasteur, que preparou um frasco semelhante, mas com uma infusão de feno esterilizada ao calor, em vez de uma solução de levedura na água. O mofo surgiu imediatamente. Pouchet podia agora argumentar que o experimento de Pasteur provava apenas que a geração espontânea não poderia ocorrer no caso muito específico da levedura em água. Havia ali evidências concretas bastante problemáticas para Pasteur. Isto também pode ser inquietante para você: como é possível que a vida tenha surgido de repente em um recipiente estéril? "Estéril" não significa que não há nada vivo ali dentro? Então, de onde veio o mofo?

A resposta, como sabemos hoje, é que a infusão de feno de Pouchet não era estéril: a técnica de esterilização pelo calor que todos usavam na época, chamada atualmente de pasteurização, era adequada para eliminar a maior parte das espécies de micróbios, mas ninguém sabia que certas espécies podem gerar esporos — os envoltórios externos resistentes que protegem o micróbio de condições adversas, sendo capazes de suportar temperaturas muito elevadas. Esses micróbios que sobrevivem ao processo de pasteurização podem, uma vez terminada a esterilização, livrar-se de sua camada protetora externa, tornar-se ativos e se multiplicar. Eles se banqueteiam na lactose do leite e excretam ácido láctico, que é azedo; é por isso que o leite pasteurizado fica azedo depois de mais ou menos uma semana, mesmo na geladeira. Para preparar leite estéril, inteiramente livre de esporos (do tipo que chamamos "longa vida"), é necessário um tratamento mais rigoroso.

Voltemos então a Pasteur, que não sabia da existência dos esporos. O que ele poderia fazer ante esse desafio à sua posição? A atitude cientificamente correta teria sido tentar replicar o experimento e então encontrar nele alguma falha técnica (como ele conseguira fazer com tentativas prévias de Pouchet) ou propor alguma explicação teórica para os resultados do rival, que poderia então ser testada (sugerindo talvez a existência de micróbios resistentes ao calor, que foram de fato responsáveis pelo resultado, ou alguma outra razão possível). Se tudo isso falhasse, ele poderia desistir e admitir a derrota.

Mas Pasteur não seguiu nenhum dos três caminhos. Em vez disso, ele ignorou inteiramente os resultados de Pouchet. Para tal, apoiou-se na opinião pública favorável e em suas convicções privadas. Pasteur, que era católico, opunha-se fortemente a qualquer ideia que tivesse algum cheiro de ateísmo, inclusive as novas teorias de Darwin, que sopravam do outro lado do canal da Mancha.* Sendo um conservador religioso, ele defen-

* Há uma discussão quanto ao verdadeiro grau de devoção de Pasteur: ele aparentemente era um pouco relapso em seu comparecimento à missa. No entanto, publicamente, sempre se manteve como um homem devoto.

dia a ideia de que a vida só havia sido criada uma vez — pelo Criador, no início dos tempos, como descrito nas escrituras — e portanto não continuaria a surgir diariamente. A atitude de Pasteur se encaixava muito bem no clima político francês daquela época, por isso ele não sofreu grandes pressões e pôde simplesmente dar de ombros a seus oponentes.

Pouchet, que também era um homem pio e baseava suas teorias em questões religiosas (bastante elaboradas, reconheço), foi deixado de lado. Pasteur venceu o debate e seguiu em frente, conquistando outros triunfos científicos. Sua vitória, nesse caso, não se deveu ao fato de ser um cientista exemplar; apoiou-se fortemente em circunstâncias públicas favoráveis e em suas noções preconcebidas.

Há duas questões nesse episódio que, para mim, são bastante desconcertantes, e também esclarecedoras: uma delas é científica; a outra, histórica.

A questão científica é que Pasteur não foi inteiramente profissional em sua conduta. Geralmente temos a tendência de enxergar os grandes cientistas como a encarnação do espírito da ciência — observadores imparciais da natureza que seguem suas observações para onde quer que os levem. Isto não passa de uma imagem ideal e, dessa forma, é algo dificilmente personificado por homens de carne e osso. Um cientista, até mesmo um dos grandes, é um ser humano, com todas as falhas e falácias humanas que isso implica. Além disso, homens visionários tendem a ser muito obstinados, a ponto de se tornarem cabeças-duras. Eles possuem intuições e convicções, além de seu orgulho. Se Pasteur admitisse, depois de tanto tempo e esforço, que seus rivais poderiam ter estado certos, isso não apenas iria contra sua concepção da natureza, como seria também um golpe bastante forte em seu ego, que não era nada insignificante.

No fim das contas provou-se que Pasteur estava certo. E isso não se deveu a seus próprios experimentos, mas aos de pesquisadores futuros que seguiram seus passos. É uma estranha maneira de proceder, quando paramos para pensar no assunto, mas é assim que a ciência funciona. Ela dá resultado porque os que seguem por um caminho não o fazem cegamente, eles verificam e reverificam as ideias que recebem de seus predecessores, descartando então as que são vistas como imprecisas. Pasteur defendia a ideia de que a vida surge da vida. Ele estava certo. Esse é o veredicto da ciência. Assim como no caso do vassalo rebelde, essa é uma circunstância amenizadora.

A questão histórica é que Pasteur, um grande cientista, opunha-se às ideias evolutivas de Darwin e lutava do lado do conservadorismo religioso. É uma boa lição a ser absorvida — que os cientistas são homens e mulheres de seus tempos e não se conformam às noções e alinhamentos das gerações futuras. Eles trabalham com o conhecimento, o entendimento e os meios técnicos que têm à disposição, e também são, em grande medida, influenciados pela sociedade. Não devemos lhes atribuir erroneamente nossas próprias visões de mundo, por maior que tenha sido o papel que eles desempenharam em cimentar essas mesmas visões.

O veredicto da história é complicado. Como devemos julgar um homem que não teve um comportamento profissional, mas que estava acidentalmente certo? Devemos enaltecê-lo por seus instintos, ficar decepcionados pelo modo como levou vantagem ou apenas nos contentar com o fato de que, ao menos desta vez, a verdade venceu (ainda que por métodos estranhos)?

Você decide. Do meu lado, eu me pergunto o que Pasteur teria pensado de tudo o que sabemos hoje sobre a vida e os microrganismos. Ele teria ficado contente e fascinado, ou chateado com as conclusões modernas, abertamente seculares, a que chegamos com base em seus achados? *Xógum*, se posso voltar a ele, é um livro repleto de homens fortes. De fato, James Clavell parece ser da escola de pensamento que diz que os homens fortes fazem a história.* Vendo Pasteur, eu talvez acrescentaria que se é isso o que os homens fortes fazem, a história que eles produzem raramente é a história que pensaram estar produzindo.

Vasilhas com varíola

PANDAS FINALMENTE EXTERMINADOS

> O esforço continuado por erradicar os pandas chegou a sua conclusão.
>
> "Finalmente acabamos com todos eles", informou Thomas B. Splugg, proeminente cientista pesquisador de pandas e chefe do Programa Internacional de Controle de Pandas. "Essas criaturas não trarão mais problemas à humanidade."
>
> Um empreendimento global coordenado, que envolveu extensas medidas internacionais e um orçamento de muitos milhões de dólares, teve êxito em reduzir a população mun-

* A escola oposta diz que todos os homens são engrenagens inconscientes da marcha inevitável da história.

> dial de pandas para apenas dois espécimes vivos, mantidos em isolamento em instalações ultrasseguras. Mas enquanto a maioria das autoridades está satisfeita com esta situação, alguns ativistas têm preocupações quanto à segurança e exigem que os pandas sejam erradicados imediatamente, para impedir qualquer possibilidade de que um deles escape para o ambiente selvagem.
>
> "São umas criaturinhas ardilosas", disse R. L. Spangler, porta-voz da Pandamônio, a Organização dos Cidadãos Preocupados. "Não podemos correr o menor risco de uma futura pandemia."

Você provavelmente nunca leu nada como isso nos jornais. Nem mesmo as pessoas que não gostam particularmente de pandas ficariam muito felizes com sua extinção. É verdade que os cientistas e agências ambientais às vezes caçam certas espécies, mas isso geralmente faz parte de um esforço para preservar um ambiente local específico contra a introdução de espécies externas (como os coelhos e sapos-boi na Austrália, as trepadeiras kudzu nos EUA e praticamente qualquer coisa que tenha chegado à Nova Zelândia depois do Capitão Cook). No entanto, ninguém quer que uma espécie inteira seja extinta... A menos, é claro, que se trate de um micróbio.

Diferentemente da maioria dos biólogos, os microbiologistas que estudam micróbios nocivos aos seres humanos têm como objetivo tentar exterminar seu objeto de pesquisa. Ainda assim, embora a ciência médica venha lutando contra os micróbios causadores de doenças há séculos, com todos os nossos esforços, descobertas e tecnologia, quantas doenças foram erradicadas, para nunca mais voltarem? Quantas espécies de bactéria ou vírus a humanidade conseguiu extinguir? A resposta é: uma.

Tentar erradicar uma doença — toda uma espécie de micróbio — de modo que ela nunca mais volte é bastante difícil. Existem muitos obstáculos que podem se antepor a esse objetivo. Em primeiro lugar, precisamos de uma vacina confiável e efetiva contra o micróbio. E a doença também deve se limitar a carreadores humanos, caso contrário teremos que persegui-la em qualquer outro animal onde ela se esconda, matando ou vacinando todos eles. Entre todas as doenças infecciosas, do resfriado à Aids, somente uma se foi — a varíola. Muitas outras doenças, como a pólio, já não representam a ameaça que representaram um dia, mas ainda estão por aí.

Um esforço internacional de vacinação realmente heroico fez com que a varíola — uma doença que matou muitos milhões de pessoas em algumas das pragas mais terríveis da história — fosse declarada oficialmente erradicada em 1979. Desde então, não foi registrado nenhum outro caso da doença. As últimas amostras remanescentes dos vírus da varíola, *Variola major* e *Variola minor*, são mantidas congeladas em dois laboratórios seguros, um deles nos EUA e o outro na Sibéria.

Por que, você talvez pergunte, nos preocuparíamos em mantê-los? Por que não destruir essas últimas amostras, encerrando de uma vez essa história? Já temos a sequência genômica do vírus, temos as vacinas, então por que a humanidade deveria manter um de seus piores inimigos congelado em uma caixa, como o vilão de um filme de terror ruim, de onde poderia ser roubado, ou libertado por acidente?

É uma boa pergunta, sem resposta clara. Parte da relutância em eliminar o vírus pode ser explicada pela simples procrastinação (que já se mostrou muito eficaz em protelar outros horrores, como lavar a louça), mas pensadores mais sérios argumentam que talvez não saibamos o que estamos jogando fora, e os cientistas do futuro talvez façam novas descobertas que não podemos prever atualmente. E se o vírus *Variola* ainda estiver à espreita, sem que ninguém saiba, em algum lugar nas profundezas da África ou da Groenlândia, esperando para emergir novamente nos anos vindouros? Ainda pior: e se, em algum momento do passado, uma amostra do vírus foi retirada de seu laboratório e está agora no congelador de um terrorista, à espera de ser libertado sobre a humanidade às vésperas do Apocalipse? Tudo bem, ainda temos a vacina; mas e se, por algum motivo, ela não for suficiente?

É difícil calcular todas essas conjecturas. Enquanto isso, as caixas de varíola continuam a existir.

Pensando bem, o vírus *Variola* não foi realmente o único que a humanidade conseguiu exterminar. É apenas o único que conseguimos exterminar *de propósito*. Para cada espécie de anfíbio, mamífero, inseto ou planta que levamos inadvertidamente à extinção, existem incontáveis espécies microbianas que viviam em contato com eles, ou dentro deles. Que micróbios eram esses, e o que faziam? O que poderíamos ter descoberto com eles? Jamais saberemos. Eles se foram.

Três drinques e uma manopla de bomba (ou: O arquivo Pettenkofer)

O professor Barry Marshall, da Universidade do Oeste da Austrália, recebeu o Prêmio Nobel de Medicina em 2005. O professor Max Pettenkofer cometeu suicídio em 1901, aos 87 anos de idade, e já foi quase totalmente esquecido. O que liga essas duas pessoas muito diferentes é sua profissão em comum, sua coragem e resolução pessoal e, acima de tudo, uma bebida.

Vou falar primeiro de Marshall. Cresci na década de 1980, e lembro de ouvir as pessoas falarem o tempo todo coisas como "Este trabalho vai me dar uma úlcera", para indicar o quanto estavam preocupadas ou sobrecarregadas. A úlcera péptica era considerada principalmente um produto do estresse. As pessoas que tinham vidas estressantes estavam produzindo muito ácido estomacal em virtude da pressão psicológica. Esses ácidos comiam o revestimento interno do estômago, acabando por criar um ferimento que era muito difícil de curar. As pessoas sofriam, e embora o tratamento à base de antiácidos fosse eficaz, era geralmente temporário, e as úlceras retornavam depois de um ou dois anos. Por sinal, isso também fazia com que os negócios dos médicos e das companhias que produziam esses tratamentos fossem bastante lucrativos.

Enquanto isso, na Universidade do Oeste da Austrália, os doutores Robin Warren e Barry Marshall estavam encontrando coisas onde não deveria haver nada: nosso estômago é tão ácido que nada deveria sobreviver ali dentro. Ainda assim, descobriu-se que pedaços de estômago coletados de pacientes com úlcera continham um novo micróbio, que Marshall e Warren chamaram de *Helicobacter pylori* (*H. pylori*). Pois eles propuseram a teoria de que o *H. pylori* estava, na verdade, causando as úlceras.

Você e eu, que fomos juntos aos recantos mais distantes da Terra e vimos as condições inóspitas onde os micróbios sobrevivem, talvez não fiquemos, a esta altura, extremamente surpresos. Porém, sugerir que as úlceras são uma doença infecciosa, e não uma condição induzida pelo estresse, representou uma mudança radical. A comunidade médica a princípio não se convenceu. As provas não eram conclusivas: Marshall e Warren não conseguiram demonstrar um nexo causal; os microbiologistas estavam se intrometendo nas questões da medicina interna. E, além disso, eles eram de *Perth*, nos confins da Austrália, pelo amor de Deus!

Para ganhar respeitabilidade, uma teoria que sugerisse uma relação causal entre uma doença e um micróbio deveria satisfazer quatro critérios conhecidos como "postulados de Koch", em homenagem ao cientista que os concebeu. Essencialmente, os critérios requerem a demonstração de que a doença ocorre quando o micróbio está presente e não ocorre quando ele não está.* Faz sentido, não é mesmo? O único problema com o qual Marshall se deparou foi o de que seus testes (que eram feitos em porcos) não estavam funcionando. Nesse ponto, ele decidiu fazer algo bastante radical. Como não havia conseguido testar sua teoria em animais, voltou-se ao único corpo humano no qual poderia testá-la: o dele mesmo. Marshall bebeu uma cultura de micróbios *H. pylori* e desenvolveu rapidamente uma inflamação na parede interna do estômago (e, se sua mulher não tivesse insistido em que ele tomasse antibióticos depois de duas semanas, ele talvez tivesse desenvolvido uma úlcera propriamente dita — provavelmente o único caso de úlcera feliz na história). Ele pediu então a seu colega que removesse e analisasse uma amostra de seu estômago, no qual encontraram, como previsto, *H. pylori* vivos.

---

* Há casos específicos, como o dos carreadores assintomáticos. Achei que você gostaria de saber.

Marshall anunciou os resultados à comunidade científica e isso causou um bom alvoroço. Com efeito, o mundo finalmente lhe deu atenção. Depois de alguns anos, o *H. pylori* foi declarado o principal agente causador das úlceras pépticas.* Duas décadas mais tarde, Marshall e Warren receberam o Prêmio Nobel por sua descoberta. Atualmente, as úlceras são tratadas com antibióticos (algo jamais imaginado 20 anos atrás), e geralmente não causam problemas persistentes.

A autoexperimentação de Marshall foi corajosa, ultrajante, antiética, heroica e muitas outras coisas. Mas não foi um caso sem precedentes.

No século XIX, quando o cólera estava causando uma terrível quantidade de vítimas na Europa, algo semelhante ocorreu em Munique. A doença, que havia chegado da Índia nos primeiros anos do século, estava matando um grande número de pessoas em surtos imprevisíveis. Suas causas eram desconhecidas, e naturalmente foram o foco de muita especulação e debates acalorados. As comunidades médica e científica da Europa, que tinham a esperança de que as pragas que haviam arruinado o continente até o século XVII fossem agora uma coisa do passado distante, depararam-se de súbito com essa nova ameaça.

Muitos pesquisadores e médicos acreditavam que aquilo fosse causado por miasmas, um ar impuro causador de enfermidades. Os miasmas eram culpados por uma grande variedade de doenças — algumas figuras públicas chegaram ao

---

* Vale dizer que o *H. pylori* não é, de maneira nenhuma, a única causa das úlceras: o estresse e outros fatores também desempenham seu papel, mas são muito menos importantes do que se acreditava.

ponto de sugerir que até mesmo a contaminação moral poderia ser disseminada por um miasma e propuseram projetar as prisões de modo que isso pudesse ser evitado. Os defensores da teoria rival (de que a doença era causada por uma minúscula forma de vida transmitida pela água) inicialmente não foram muito influentes.* Hoje em dia, sabemos quem estava certo e quem estava errado, mas, na época, as duas teorias concorrentes eram plausíveis.

Em 1854, o médico britânico John Snow analisou metodicamente o surgimento e a disseminação dos casos de cólera em uma epidemia que atingiu o centro de Londres e traçou sua origem à bomba de um poço na Broad Street. Ele convenceu as autoridades locais a removerem a manopla da bomba para evitar que fosse usada. Embora a epidemia na Broad Street aparentemente já tivesse passado de seu clímax quando isso ocorreu, as ações de Snow tiveram diversas consequências: ajudaram a proteger os usuários da bomba da exposição à contaminação, estabeleceram os fundamentos da epidemiologia do modo como, em essência, ainda é praticada hoje e trouxeram evidências sólidas para a teoria microbiana das doenças.

De fato, a controversa teoria de Snow acabou por vingar: em menos de 30 anos, Robert Koch havia isolado e descrito o *Vibrio cholerae* (*V. cholerae*), o agente causador da doença, e estabelecera as fundações científicas da microbiologia médica — seus postulados, mencionados acima.**

---

* De fato, segundo os especialistas da época, as pessoas comuns temiam em demasia a água que bebiam. O senso comum costuma ser bastante volúvel, mas, nesse caso, demonstrou-se que estava certo.

** É interessante notar que o micróbio, na verdade, foi isolado pela primeira vez em 1854, o ano da bomba; mas a descoberta foi italiana, e a Itália da

Algumas pessoas, porém, ainda não estavam convencidas. Entra em cena Max Von Pettenkofer, um respeitado químico e médico alemão. Os resultados de Snow levaram Von Pettenkofer a investigar a questão do cólera, chegando à conclusão de que a causa se encontrava na umidade do solo. Ele estava tão convencido de que o micróbio não poderia causar a doença por si só que, em 1892, aos 74 anos de idade, bebeu uma amostra de *V. cholerae* que Koch lhe enviara, só para provar que não lhe causaria nenhum mal.

Você por acaso está balançando a cabeça com pena da convicção do pobre homem, que lhe custaria a vida? Então ouça só esta: Pettenkofer teve diarreia por alguns dias, mas além disso, não sofreu maiores efeitos e voltou ao normal em pouco tempo, tendo provado seu ponto.

"O que está acontecendo aqui?", você talvez se pergunte. "Você não disse que o cólera era causado por um germe? Por que ele não ficou doente?"

Ninguém sabe. Às vezes as pessoas simplesmente continuam saudáveis, apesar de tudo. As diferentes teorias dizem que Pettenkofer era imune devido a um caso leve de cólera que contraíra sem saber quando era mais jovem, que a amostra que Koch lhe enviou continha principalmente bactérias mortas no momento em que Pettenkofer a ingeriu, ou que os ácidos estomacais de Pettenkofer (que normalmente provocam a morte de muitos dos germes que entram no sistema digestivo) eram extraordinariamente fortes e conseguiram matar todos os

---

época se apoiava fortemente em teorias miasmáticas. Assim, a descoberta caiu no esquecimento até que a época, o lugar e as cabeças das pessoas estivessem prontas para ela.

microrganismos. Independentemente da causa, permanece o fato de que Pettenkofer e as teorias miasmáticas se viram drasticamente fortalecidos aos olhos de seus defensores. Hoje sabemos que foi um acaso fortuito, mas, na época, deve ter parecido uma prova bastante convincente.

Embora isso tenha representado certo revés para a teoria dos germes e para o progresso médico, não foi um obstáculo assim tão grande. A teoria estava a caminho de se tornar firmemente estabelecida, não sendo muito afetada por esse contratempo. De fato, os esforços de Pettenkofer, como os de muitos defensores das teorias miasmáticas, acabaram por favorecer a saúde pública em muitos aspectos, pois levaram a melhores medidas de higiene e saneamento nas cidades europeias. A ideia que eles defendiam estava errada, mas levou a um bom resultado. O progresso às vezes funciona assim.

A principal questão aqui se encontra no conceito da prova. Se compararmos o ato drástico de Pettenkofer com as análises cuidadosas de John Snow, podemos ter um vislumbre do que constitui a essência da ciência. Esta não costuma se impressionar com casos isolados. Uma ação espetacular pode atrair alguma atenção inicial ou despertar apoio para certo tema ou ponto de vista. Idealmente, porém, as ideias mais bem consideradas (e, sobretudo, aquilo que é quantificável) são as que acabam por prevalecer — ainda mais quando estamos lidando com sistemas complexos, como organismos e populações humanas, e é por isso que a epidemiologia se mostra uma área de estudos tão necessária e útil.

Mas não devemos nos apressar em nossos elogios ou em nosso desdém; tanto Snow como Pettenkofer tinham bons motivos para pensar que estavam certos — e suas teorias eram razoáveis, ao menos tendo em vista os conhecimentos da época. O fato de que saibamos agora, em retrospecto, quem estava certo e quem não estava não torna um deles necessariamente heroico e o outro ridículo.

Essa parece ser uma história moralmente muito desconcertante, não é mesmo? As pessoas que tomam atitudes certas são as que defendem as teorias erradas, e as pessoas que tomam atitudes erradas recebem reconhecimento e honras. Por isso é reconfortante, de um jeito um tanto macabro, contar uma terceira história que tem um resultado diferente.

As epidemias de cólera também têm seu lado político: os surtos ocorriam predominantemente nos bairros mais pobres das cidades. Os proprietários de terra mais abastados e os donos da companhia de águas naturalmente tendiam a acreditar na teoria miasmática, pois era caro manter e aprimorar os sistemas de água, enquanto a qualidade do ar na época não era sua preocupação financeira. Um proprietário que recebera queixas incessantes de seus inquilinos sobre a contaminação do abastecimento de água por dejetos do esgoto foi até lá pessoalmente, cheirou a água de seus inquilinos, afirmou que estava perfeitamente boa e demonstrou sua convicção bebendo um copo dela. Morreu de cólera poucos dias depois.

Cem anos mais tarde, as doenças, o dinheiro e a política ainda se misturam. A Aids é atualmente um importante exemplo dessa relação, embora haja muitos outros casos semelhantes. O cólera e outras doenças transmitidas pela água, apesar de relativamente fáceis de tratar (com antibióticos) e ainda mais fáceis de prevenir (com água limpa), ainda causam muito sofrimento. Assim como no caso do infeliz proprietário, os que vivemos no mundo desenvolvido (e não me excluo) ainda temos a tendência de fazer vista grossa ao que acontece nos bairros mais pobres de nosso mundo.

Quanto ao caso da úlcera péptica, considero a história edificante por um motivo diferente do que você poderia imaginar. Algumas pessoas a veem como o exemplo brilhante da luta desapegada de um homem, e seu triunfo decisivo, contra uma comunidade médica conservadora e desinteressada, controlada por companhias farmacêuticas implacáveis, interessadas somente em lucrar vendendo drogas caras aos pacientes. Para mim, a verdade é (como de costume) um pouco mais sutil.

O episódio em que Marshall bebeu a amostra de *H. pylori* despertou muito interesse nos anos que se seguiram. Ele não foi desconsiderado, como se faria com um charlatão: muitos pesquisadores se dedicaram a refutar seus achados, descobriram que não continham nenhum erro e relataram honestamente seus achados. Em pouco mais de uma década, todo o pensamento e a prática médica sobre o assunto se alteraram inteiramente, passando do ponto de vista tradicional ao revolucionário. Novos tratamentos substituíram os antigos, apesar de estes terem sido uma fonte de renda altamente lucrativa para os especialistas e para a indústria farmacêutica.

Grandes navios tardam a mudar de direção. Acredito que o *establishment* médico se moveu com bastante rapidez no caso da úlcera péptica, especialmente se considerarmos a mudança substancial que se mostrou necessária no que diz respeito à percepção sobre o tema e sua aplicação, e a quantidade de dinheiro envolvida. Sem diminuir em nada a conquista do professor Marshall, quando consideramos as provações e tribulações pelas quais os revolucionários do passado tiveram que passar, já houve gente que teve de pagar muito mais caro por suas opiniões — ele só precisou de uma década e alguns problemas estomacais.

Dois bebedores de germes bem-intencionados, separados por um século, acreditaram com tanta firmeza em seus achados que se mostraram prontos para enfrentar o mais perigoso e pessoal dos testes. Um deles bebeu sua sopa de micróbios para provar que ela causava uma doença; o outro, para provar que não causava. Os dois foram considerados bem-sucedidos; posteriormente provou-se que um deles estava completamente errado; e o outro, até onde sabemos neste momento, está certo. Temos alguma lição a aprender com isso? Talvez a seguinte: na ciência, situações dramáticas e heroicas podem fazer com que uma teoria receba alguma atenção inicial, mas no longo prazo, farão pouco mais que isso. Em algum momento, preferivelmente bastante cedo, uma teoria será avaliada com base em sua precisão, e não no modo como é apresentada. Essa é a essência do método científico.

99,9%

Fui recentemente a um piquenique com uns amigos. Depois que paramos de mastigar, saí para caminhar com um deles e lhe mostrei as centenas de grandes morcegos que havia por ali, pendurados de cabeça para baixo como estranhas frutas negras nas seringueiras às margens do rio Yarra. Meu amigo ficou convenientemente impressionado com um deles: "*Dragão*", observou.

Depois que depositei o futuro zoólogo em segurança nos braços afetuosos de seu pai, fiquei pensando: por que não poderia ser um dragão, na opinião dele? Eis aí uma criatura que ele nunca antes viu em carne e osso, que claramente não é um pássaro, mas que claramente voa pelo lugar com suas estranhas asas de couro. Nos três anos de vida de meu jovem amigo, ele já ouviu histórias de dragões, viu imagens de dragões e assistiu a filmes estrelados por dragões. Então, por que ele duvidaria da existência de um dragão verdadeiro, se fosse apresentado a um candidato plausível?

Que estranhas, ponderei — enquanto, atrás de mim, as negociações da hora do cochilo cresciam até se tornarem um acesso de raiva ensurdecedor —, são as fronteiras de nosso conhecimento. Elas englobam as hordas de criaturas míticas que habitam apenas a nossa imaginação, das fadas e do lobisomem ao político honesto, e ainda assim continuamos a ignorar inteiramente incontáveis criaturas vivas que existem de fato, pela simples razão de que são pequenas demais para que as possamos ver.

Quando os microbiologistas desejam estudar um micróbio encontrado em uma amostra de algo retirado da natureza, tradicionalmente a primeira coisa que fazem é tentar isolá-lo, diluindo a amostra até que só reste um micróbio por placa de cultura. Esse procedimento é importante, pois é muito fácil fazer com que, acidentalmente, duas espécies de micróbio fiquem na mesma placa — e quando isso ocorre, toda a análise pode dar errado.

Depois de se assegurarem de que só há uma espécie na placa, eles permitem que a bactéria se multiplique até que haja uma quantidade suficiente, e nesse estágio tentam caracterizar o organismo. De que formato e cor são as colônias formadas? De que nutrientes elas precisam? Sob que condições elas prosperam? A seguir, analisa-se o DNA do micróbio, suas proteínas e o metabolismo. É um processo longo e meticuloso, e o que é pior, não dá nenhum sinal de que vá terminar. Como vimos tantas vezes nos capítulos anteriores, até mesmo o *E. coli*, o organismo mais estudado do mundo, ainda surpreende os pesquisadores, mais de um século após sua descoberta e uma década desde o sequenciamento inteiro de seu genoma. Não há nenhum organismo no mundo sobre o qual possamos dizer que não temos mais nada a aprender.

Mas o problema de adquirirmos conhecimentos sobre os micróbios apenas começa aí, porque esse método de estudá-los depende da possibilidade de fazê-los crescer em uma placa de cultura, e ao que parece, os micróbios que se dignam a crescer em nossos laboratórios são a exceção, e não a regra. Para cada espécie que conseguimos isolar, existem centenas, talvez milhares, que não podem ser isoladas. Esses organismos são apropriadamente chamados de "incultiváveis". Não sabemos sequer quantos deles estamos deixando passar — como poderíamos contar algo que não conseguimos identificar?

A resposta é: com esperteza. Eis aqui um método para descobrirmos coisas sobre criaturas que não conseguimos isolar: pegamos uma amostra de qualquer ambiente que desejemos estudar — solo, água do mar, uma garganta humana, qualquer coisa.* Em cada amostra existem incontáveis espécies diferentes de micróbios. Não isolamos esses micróbios; em vez disso, provocamos a lise de todos eles (fazendo com que estourem feito bolhas), extraímos o DNA de toda a amostra de uma só

* Uma amostra do tamanho de uma colher de chá pode conter milhões de bactérias de sabe-se lá quantos tipos — e isso sem contar os vírus.

vez e o sequenciamos. Isso nos dá um número muito grande de sequências fragmentadas.

Ao que parece, temos muito o que aprender com essa massa caótica de informações genéticas, mas para que consigamos entendê-la minimamente, precisamos passá-la por computadores muito potentes. Esses equipamentos usam programas que tomam um fragmento e o analisam, comparando-o com sequências conhecidas que encontramos em outros organismos no passado, ou analisando a sequência e fazendo palpites qualificados sobre as funções dos genes. Outro método compara dois fragmentos, procura qualquer sobreposição e, se encontrar alguma, chega à conclusão experimental de que fazem parte da mesma sequência. Multiplique este processo por um monte e surgirão alguns prováveis genomas completos (seria algo como montar muitos quebra-cabeças cujas peças estivessem todas amontoadas no início). Uma vez construídos diversos genomas separados, podemos tentar analisá-los e compreender um pouco da aparência, da função e do modo de vida desses micróbios.

Para tudo isso são necessários computadores muito potentes.* Ainda assim, os resultados valem a pena: genes novos, jamais vistos, estão sendo encontrados aos baldes (literalmente — os pesquisadores partem para o mar em barcos, usando baldes para coletar água), e a quantidade de informações novas e potencialmente úteis aumenta sem parar. Descobriu-se, por exemplo, que regiões relativamente próximas de um certo mar, que parecem iguaizinhas para nós, podem ter habitantes microbianos muito

* E esse é um dos motivos pelos quais essa técnica só começou a ser utilizada mais recentemente: dez anos atrás, um computador jamais poderia trabalhar com essa quantidade de dados.

diferentes. Por que isso ocorre? Por que esses caras estão todos amontoados de um lado, enquanto aqueles estão todos juntinhos no outro? O que eles sabem que nós não sabemos?

Se isso não parece particularmente impressionante, considere o seguinte: uma verdadeira multidão de novos genes tem sido descoberta — genes que codificam proteínas que podem apresentar todo tipo de nova utilidade, em qualquer coisa, desde processos industriais até medicamentos ou melhores processos de reciclagem. Esses cientistas estão literalmente pescando informações, e estão pegando uns peixes bastante promissores. Por exemplo, em 2007, o *Sorcerer II*, barco do biólogo e aventureiro americano Craig Venter, retornou de uma expedição de volta ao mundo trazendo relatos de descoberta de dezenas de espécies de microrganismos desconhecidas previamente e uma verdadeira selva de sequências de DNA — uma tentativa de partida para um novo Projeto Genoma, espalhando-o por oceanos inteiros. Os primeiros dados estão sendo analisados e, daqui a poucos anos, é muito provável que surjam histórias sobre esses micróbios recém-encontrados. Com alguma sorte, você talvez ouça falar deles no noticiário.

Tudo isso ainda não passa de um conjunto de informações cruas. Mas uma grande quantidade de informações, quando manuseada corretamente, pode se transformar em algum conhecimento e, por vezes, até mesmo em um pouco de sabedoria.

Além disso, nunca se sabe o que será retirado das profundezas do oceano. Pessoalmente, espero que encontrem dragões bem, bem pequenininhos.

FAIXA BÔNUS Nº 7: Jogo duro

Em setembro de 2005, o jogo on-line *World of Warcraft*, que comporta um número gigantesco de participantes, passou por uma calamidade imprevista: durante uns poucos dias, os personagens dos jogadores passaram a morrer em proporções semelhantes às da Peste Negra.* Não era a primeira vez que algo assim ocorria no mundo dos jogos, mas esse incidente em particular demonstrou ser bastante instrutivo.

Os administradores do jogo haviam introduzido um novo calabouço no qual o personagem virtual poderia contrair uma doença chamada "sangue corrompido" se fosse atingido por um feitiço em particular — cuja fonte era um tal de Hakkar, o Esfolador de Almas, um deus do sangue por vocação — ou se fosse contagiado por outros personagens do jogo. O novo calabouço deveria estar restrito somente aos jogadores de nível mais alto, que conseguiriam suportar os danos causados pela doença, mas o vírus virtual escapou (algumas pessoas afirmam que certos jogadores mal-intencionados o contraban-

* Curso relâmpago para os não esclarecidos: *World of Warcraft* é um jogo que traz um mundo de fantasia virtual, com sua geografia, regras e criaturas estranhas. Um jogador ou jogadora controla um personagem, ou avatar, e possui seus objetivos ou missões, ou faz o que bem entender. Os jogadores interagem entre si, adquirem posses e passam de nível. Milhões de pessoas participam do jogo diariamente.

dearam para outras partes, de modo a prejudicar os demais de maneira intencional) e passou a infectar os personagens loucamente. Em poucas horas, os mundos virtuais de alguns servidores se viram inteiramente infectados, milhares de corpos surgiram jogados pelas ruas das cidades virtuais, e o caos reinou no jogo. Depois de alguns tropeços por parte dos administradores, os servidores infectados foram reiniciados, restaurando-se assim a ordem. Quem dera os problemas do mundo real pudessem ser resolvidos com tanta facilidade.

Apesar de ter causado uma grande confusão, esse erro teve alguns efeitos benéficos, especialmente para os epidemiologistas, que o viram como uma boa maneira de coletar dados importantes.

Quando se preparam para as epidemias futuras de doenças infecciosas, os epidemiologistas criam modelos matemáticos para tentar simular o modo como as pessoas reagirão no caso de um surto de uma doença. Eles levam em consideração casos históricos, os fatores psicológicos da população e seus atributos físicos relevantes (o tamanho da população, sua densidade, transportes e vias de infecção, por exemplo). O problema é que, nos casos históricos, sempre faltam grandes porções de informação, e os fatores psicológicos são notoriamente difíceis de reproduzir. O surto de uma doença é um evento caótico que gera reações extremamente imprevisíveis por parte das pessoas.

Então, como simular matematicamente o pavor ou a confusão? Não é nada fácil.

Estudos que colocam voluntários em situações de epidemias hipotéticas e testam suas reações podem ajudar, mas quando perguntamos às pessoas como elas reagiriam se estivessem em um estado de pânico absoluto, não obtemos necessariamente uma resposta muito confiável. Um voluntário numa simulação sempre sabe (em algum lugar no fundo da cabeça) que pode simplesmente sair do jogo se desejar. Os modelos simplesmente não são suficientemente realistas.

No mundo dos jogos virtuais, os pesquisadores têm, até certo ponto, uma oportunidade única de superar essas dificuldades: eles combinam um ambiente simulado (no qual os dados estão todos disponíveis, e são confiáveis) com milhares de participantes humanos que reagem em tempo real à situação e uns aos outros; e sobretudo em um jogo como *World of Warcraft*, os jogadores desenvolvem uma ligação emocional com os personagens que controlam. Eles investem muitas horas, muita atenção e, frequentemente, dinheiro real em seus avatares. Eles aprendem a se preocupar com seu personagem (e com seus personagens amigos), às vezes muito profundamente. Em virtude disso, sua reação a uma ameaça é mais natural, refletindo um verdadeiro comportamento de crise.

Os jogadores que participaram da epidemia de *World of Warcraft* se comportaram de maneiras muito diferentes, todas elas bastante humanas, mas algumas jamais vistas em um modelo simulado. Alguns personagens demoraram a compreender a situação e morreram, muitos fugiram, e alguns ficaram para trás, abnegadamente, para ajudar os demais.* Uma pequena minoria também se comportou de maneira maldosa, infectando os demais intencionalmente, enquanto alguns foram oportunistas, tentando lucrar com a situação. Muitos deles foram simplesmente tolos, entrando na zona em quarentena apenas para ver o que estava ocorrendo, e morreram. Em resumo, as pessoas estavam simplesmente sendo pessoas.

As características desse evento foram muito ilustrativas: os jogadores de nível mais alto conseguiram se teletransportar para recantos distantes do mundo em muito pouco tempo — algo como uma versão virtual das viagens aéreas — e a doença aparentemente foi retirada de sua zona restrita, o que deu a toda a situação um sabor particular de bioterrorismo. As autoridades demoraram para reagir, e os personagens automáticos, não controlados por jogadores humanos, podiam ser carreadores assintomáticos — eles contraíam a doença e a transmitiam, mas não eram afetados.

* Essas ações nobres, aliás, acabaram por contribuir para a disseminação da doença. Boas intenções nem sempre geram os efeitos desejados.

Essas propriedades acidentais foram parecidas com as de epidemias passadas (especialmente a epidemia de Síndrome Respiratória Aguda Grave [Sars], de alguns anos atrás) e serviram como uma advertência contra possíveis epidemias futuras.

Naturalmente, uma epidemia virtual não é uma réplica perfeita de uma epidemia real: as reações certamente seriam diferentes, porque os personagens podem ressuscitar — e de todo modo, uma vida virtual dificilmente é tão importante quanto uma vida real.* Ainda assim, a ciência poderá se beneficiar se realizar outros surtos como esse, mais bem-controlados. As companhias de jogos se recusaram, até agora, a desatar outras infecções em grande escala sobre seus clientes, ressaltando que não seria justo com eles. Eu sugeriria que não devemos esperar que a vida seja inteiramente justa, e que uma dose de aleatoriedade e imprevisibilidade é justamente o ingrediente necessário para atingirmos o grau de realismo que essas companhias trabalham tanto para criar — especialmente se considerarmos que a maior parte das fatalidades causadas pelas guerras na vida real ao longo da história se deveu às doenças, e não ao combate direto. Os jogadores de *World*

* A não ser para aqueles que passam praticamente a vida toda nesses jogos. Essas pessoas, paradoxalmente, às vezes são incentivadas a "arrumarem algo para fazer da vida", como se já não tivessem muito que fazer em suas diversas vidas virtuais.

of Warcraft não sabiam que o surto era imprevisto, e para muitos foi divertido ver uma característica tão realista introduzida no jogo. A equipe de desenvolvimento do jogo aparentemente está ciente disso, mas duvido que deem o braço a torcer aos epidemiologistas no futuro recente.

No fim das contas, os cientistas talvez precisem criar seus próprios jogos para atrair voluntários e gerar essas situações. O problema está em como construir um jogo que atraia voluntários que não saibam ao que estão se voluntariando, de modo a manter o elemento crucial da surpresa e a resposta franca necessária. Certamente é uma tarefa complicada, mas não impossível. Além disso, os adolescentes de todo o mundo, colados em seus videogames, terão a resposta perfeita para as queixas de suas mães: "Mas, mãe, é pela *ciência*!" Tente argumentar contra isso.

Visto pelo lado bom, houve um grupo que se beneficiou com essa praga inadvertida. Como ela afetou somente os personagens humanos, os jogadores que controlavam *orcs* (que não corriam o risco de pegar a doença) estavam se divertindo muitíssimo. "A gente ria sem parar", relatou um deles.

E o jogo segue em frente.

8. Ainda bichinhos

Os livros de popularização da ciência muitas vezes fazem com que ideias complexas pareçam muito mais claras e organizadas do que realmente são. Esse é o objetivo último dos escritores — explicar coisas. Mas precisamos tomar cuidado para que tudo não pareça organizado demais. Tomemos os genes, por exemplo: este gene realiza tal função, explica um artigo, e aquele gene afeta tal característica. Que legal. Mas quando observamos um genoma verdadeiro, qualquer noção de organização se dissipa rapidamente. À primeira vista, um genoma parece algo seriamente desordenado — genes embaralhados por toda parte, sobrepondo-se uns aos outros, com partezinhas presas em locais inesperados, genes sem nenhuma relação amontoados no mesmo espaço e sequências aleatórias de DNA repetidas sem razão aparente. As noções de "organização" e "ordem" da natureza parecem ser bastante diferentes das nossas: se as pessoas (minha mãe, por exemplo) estivessem a cargo desse tipo de projeto desde o início, os genomas teriam sido ordenados de maneira mais adequada, com genes dispostos em setores, com etiquetas para referência futura, talvez até mesmo trazendo um código em cores.

O estado real da natureza sempre me faz lembrar da história de um engenheiro que um amigo me contou: ele e o engenheiro trabalhavam para uma importante empresa de eletrônica, e o engenheiro era sem dúvida um gênio em sua área. Suas criações eram incríveis e extremamente complexas, mas funcionavam, sempre cumprindo ou superando as especificações necessárias. Ninguém sabia como ele fazia aquilo. Fiquei impressionado ao saber disso. "Mas o que vai acontecer", alertou meu amigo, "se ele for embora, ou ficar doente, e o produto tiver algum problema? Ou se quisermos aprimorar o projeto, fazer um modelo novo? Ninguém consegue entender o que está acontecendo ali! Vai ser tudo inútil quando ele tiver ido embora."

De certa forma, a natureza é assim, a não ser pela parte do projeto: se você olhar com atenção, verá que os sistemas naturais não foram projetados. Eles crescem — geralmente dentro, ligados a, no topo de ou a partir de outros seres. A natureza funciona, não há dúvida, mas ela o faz de acordo com seus esquemas próprios, e nós temos o trabalho de entender como isso ocorre caso queiramos consertar ou melhorar alguma coisa.

Neste capítulo final, vou falar de alguns casos de desordem na natureza: coisas dentro de outras, e coisas que afetam — e até se tornam — partes de outras. Em outras palavras, quero me debruçar sobre as fronteiras. A primeira delas é algo que geralmente tomamos como indiscutível, até o examinarmos de perto: a fronteira entre a vida e a não vida. Por vezes, isso pode ser uma certa provação.

Sentença de vida

Atenção todos! Vamos dar início ao julgamento, presidido pelo meritíssimo juiz Você. Nesta sessão, a corte irá analisar quatro casos separados envolvendo entidades que alegam estar vivas. As definições formais diferem, portanto você poderá decidir por conta própria se cada entidade deverá ser considerada um ser vivo ou não.

Caso 1: maioria silenciosa

Os vírus de todo tipo são as formas biológicas mais comuns da Terra, ocorrendo em número muito maior que o resto de nós. Onde quer que exista vida, certamente também haverá vírus.

Eles têm genes, proteínas, ciclos vitais, e evoluem. O problema é que não possuem metabolismo nem existência independente: eles não respiram nem comem e, fora das células hospedeiras que infectam, simplesmente flutuam até encontrarem uma nova célula hospedeira. Quando infectam um hospedeiro, sequestram sua maquinaria para efetuar seus processos reprodutivos.

Algumas pessoas dizem que, se eles possuem genes, evolução e reprodução, têm todo o direito de serem tratados como seres vivos, apesar de serem parasitários. Por acaso não existem muitos outros tipos de parasita, alguns muito maiores, que são definitivamente tidos como seres vivos? Por que a discriminação contra os vírus, só porque são pequenos e não possuem certas qualidades?

Outros afirmam que o metabolismo e uma certa independência básica são cruciais para a definição de vida, e que os vírus não passam de um punhado de genes cercados por um revestimento proteico. Seria absurdo dar a esse simples pedaço de matéria o título honorário de "vivo" — isso faria com que a definição perdesse todo seu valor descritivo.

Caso 2: saltadores

O problema se intensifica quando examinamos os transpósons, também chamados elementos de transposição. Esses pedacinhos de DNA são encontrados dentro da maioria dos genomas, inclusive o nosso. Em seu nível mais básico, um transpóson é um único gene flanqueado por duas pequenas sequências de DNA, das quais cada uma é uma imagem em espelho da outra. O gene codifica uma proteína cuja função é se ligar às sequências flanqueadoras, cortar todo o transpóson e o mover para outra parte do genoma.

Esse esquema básico possui muitas variações: alguns transpósons se movem bastante, outros, quase nada. Eles às vezes se duplicam, e múltiplas cópias de um único aparecem em uma célula. Alguns deles podem se inserir em qualquer parte; outros são mais seletivos quanto à sequência de DNA que habitam. Também há variações no tamanho do transpóson: muitas vezes encontramos outros genes unidos ao primeiro, entre as sequências flanqueadoras, que se juntam ao passeio.

Quando esses genes saltadores foram descobertos, ainda na década de 1950, causaram muita confusão nos círculos biológicos. Os genomas eram vistos como estruturas fixas e estáveis, que não deveriam se alterar a todo momento. Ainda assim, para desespero de muitos biólogos para os quais os genomas eram coisas muito simpáticas, razoáveis e fáceis de estudar, demonstrou-se que esses saltos desordeiros são exatamente o que ocorre, e com bastante frequência.

Estabeleceu-se um debate sobre a função dos transpósons no organismo. Qual é sua utilidade? Eles contribuem com o que para a sobrevivência da célula que habitam? Um ponto crucial é que os transpósons às vezes são nocivos. Eles entram bem no meio de um gene importante e o danificam completamente, o que não ajuda em nada. Que possível benefício poderiam conferir, um benefício que justificasse evolutivamente sua manutenção dentro da célula?

Essa pergunta tem muitas respostas possíveis, e todas podem estar certas ao mesmo tempo. Uma explicação cita as diversas vantagens que as células e organismos ganham graças à atividade dos transpósons. Por exemplo, os transpósons bacterianos às vezes carregam consigo genes para a resistência antibiótica, e quando se movem de uma bactéria a outra, fazem com que as células receptoras se tornem resistentes, o que pode lhes trazer uma grande vantagem. Assim, as células ganham mais flexibilidade e podem se adaptar mais rapidamente às mudanças, embora corram o risco de sofrer alguma desorganização ocasional em seu genoma. Uma explicação de um gênero muito diferente sugere que a pergunta "Que benefício isso traz à célula?" esteja inteiramente equivocada. A maneira certa de enxergar a questão seria ver o próprio transpóson como uma entidade separada — um parasita genômico, vivendo e se multiplicando egoisticamente no interior do genoma hospedeiro. Todas as variações entre eles, descritas acima, são apenas estratégias de sobrevivência. Às vezes é do interesse do parasita auxiliar seu hospedeiro e cooperar com os genes ao seu redor, e às vezes não.

Um gene com interesse próprio? Certamente não é um caso inaudito, e se trata efetivamente de um bom exemplo da teoria evolutiva do "gene egoísta". Mas se o transpóson é capaz de apresentar interesse próprio, multiplicação individual, movimento entre hospedeiros e evolução, não deveria ser considerado no mínimo tão vivo quanto um vírus?

Caso 3: uma história enlouquecedora

Se um transpóson, que essencialmente não passa de único gene cheio de atitude, pode ser visto como "vivo" em certo sentido (ainda que limitado), o que dizer de uma entidade que não contém gene nenhum?

Um dos mistérios mais intrigantes do planeta surgiu em Papua-Nova Guiné (PNG). Manifestou-se como uma doença chamada kuru, que afetou os membros de certa tribo do país, fazendo com que enlouquecessem gradualmente e então morressem. Somente certas tribos manifestaram a doença, e tribos próximas não foram afetadas. Um fenômeno semelhante, chamado doença de Creutzfeldt-Jakob (DCJ), batizada em homenagem aos pesquisadores que a descreveram pela primeira vez, havia surgido ocasionalmente em outras partes do mundo, em casos muito raros. Quando examinado postumamente, o cérebro de uma paciente que sofrera da DCJ se assemelhava a uma esponja.

Ninguém sabia o que causava a doença, nem por que era tão prevalente em certas tribos de PNG, sendo desconhecida no resto do mundo. A ideia mais razoável era que havia uma base genética, mas os surtos nas tribos se assemelhavam mais ao resultado de uma doença infecciosa. Uma doença semelhante, conhecida como *scrapie*, havia sido vista em ovelhas, e outra doença mais famosa do mesmo gênero, a encefalopatia espongiforme bovina (a infame doença da vaca louca), foi responsável por mais de 160 mortes humanas na Grã-Bretanha, gerando grande alarme no mundo ocidental.

Descobriu-se por fim que a causa dessas doenças eram os príons, proteínas normais dentro de nosso organismo que surgem em uma forma anormal e perigosa, em que ela está dobrada de maneira particular. A questão mais rara, quase inacreditável, sobre a doença é o fato de que quando uma proteína dobrada encontra uma proteína normal do mesmo tipo, ela dobra a proteína normal, que passa a ter exatamente a mesma forma que a alterada. Você já pode ver aonde isso vai levar: uma única proteína dobrada pode "converter" outra, e essas duas podem converter outras, e depois mais algumas, até que haja uma enorme quantidade delas. Elas tendem a se amontoar em agregados.

Os príons conseguem se mover entre as células, mas também conseguem passar de um hospedeiro a outro. Foi exatamente isso o que ocorreu com o kuru — os membros da tribo que sofriam com a doença participavam de uma cerimônia na qual comiam ritualmente o cérebro dos familiares mortos. Se um desses cérebros contivesse príons (o primeiro caso pode ter sido um mero acidente genético), estes seriam transferidos àqueles que os comessem, que também morreriam depois de algum tempo. Isso não acontecia todas as vezes — presume-se que os príons nem sempre chegassem ao cérebro do novo hospedeiro —, mas quando ocorria, a pessoa infectada morria e o ciclo continuava.

Sabemos que as vacas, por outro lado, não são canibais. Como é possível que uma doença que parece infectar somente os comedores de cérebros se tornasse uma epidemia entre as vacas? Que coisas terríveis os bovinos, com essas caras inocentes, andavam fazendo quando nós não estávamos por perto?

A resposta é: a culpa não era deles, era nossa. Com o objetivo de economizar dinheiro e aumentar os lucros, as práticas pecuárias modernas consistiam em remover todos os pedaços da vaca que não fossem usados pelos açougueiros, moê-los para gerar uma mistura barata e rica em proteínas e os acrescentar à ração do gado como suplemento alimentar. Esses suplementos eram, naturalmente, sujeitos a procedimentos de esterilização para prevenir infecções. Mas os príons são proteínas, e não bactérias ou vírus, portanto a esterilização não os afeta — um fato do qual ninguém suspeitou até que fosse tarde demais. As vacas tinham que comer regularmente os restos de outras vacas, portanto os príons encontrados nas células nervosas de um bovino morto eram transmitidos a outros, e os seres humanos então os absorviam ao comerem a carne infectada.

Não estamos preocupados aqui com a ética e a epidemiologia do caso, por mais importante que sejam, sem dúvida. O que quero ressaltar é o fato de termos aqui um agente infeccioso patogênico, que pode se espalhar entre hospedeiros e até entre espécies diferentes, mas que não é uma bactéria nem um vírus. De fato, não contém material genético nenhum. É uma proteína, nada mais — e ainda assim, funciona de maneira muito semelhante a qualquer outra parasita.

Podemos dizer que se trata de um ser vivo? Alguma coisa pode estar viva se não possuir genes? É apenas uma função celular normal que se tornou defeituosa? Ou a proteína poderia ser chamada de gene, ainda que fosse um gene muito irregular?

Caso 4: pobres diabos

Os ecologistas tasmanianos estão muito preocupados, e com um bom motivo: uma epidemia está afetando gravemente a população de demônios da Tasmânia. Essas criaturas estranhas e singulares, os últimos sobreviventes dos marsupiais carnívoros, não encontrados em nenhum outro ponto da Terra, estão sucumbindo rapidamente a uma doença chamada tumor facial do demônio da Tasmânia.

Tumor. Câncer. Mas este livro é sobre micróbios, e um tumor não é um micróbio. Então por que estou falando disso?

Esta doença foi incluída no livro por se tratar de um exemplo único de câncer transmissível: ele passa de um demônio ao outro. As células tumorais se disseminam pelas mordidas que os demônios dão uns nos outros como parte de seu comportamento de procriação (são uns bichinhos realmente intensos). A neoplasia então se espalha pelo corpo, e o animal geralmente morre após alguns meses.

O câncer não é uma doença contagiosa. Não podemos pegá-lo de outras pessoas. Conhecemos alguns vírus causadores de câncer, mas eles funcionam de maneira diferente — eles ocasionalmente afetam os genes do hospedeiro comprometendo suas defesas anticâncer. Mas nunca tínhamos ouvido falar de uma célula tumoral que passasse de um hospedeiro a outro.

Alguns fatores contribuem para a singularidade desse caso: são poucos os animais que mordem regularmente a cara de seus companheiros como um modo de interação social, e aparentemente, os demônios da Tasmânia apresentam tantos cruzamentos consanguíneos (pois a população era pequena, mesmo antes do início da epidemia) que seus sistemas imunes não apresentam variação suficiente para lutar contra o tumor. Eles são todos muito parecidos — a ponto de serem todos suscetíveis ao mesmo tipo de câncer. Apesar disso, esta ainda parece ser uma doença muito improvável, e não devemos nos preocupar com nossa segurança: a chance de que algo assim ocorra em humanos é muito pequena.

Por mais triste que eu fique com o problema, a situação do demônio da Tasmânia ainda me parece fascinante. As células tumorais são acidentes do organismo. Elas ocorrem quando uma célula dentro do corpo perde o freio e passa a se multiplicar sem inibição. Na verdade, isso ocorre o tempo todo — eventos pré-cancerosos ocorrem dentro do corpo humano diariamente —, mas um sistema imune saudável toma conta de praticamente todos esses casos. Em casos raros, o tumor se torna incontrolável, espalhando-se de sua localização original para outras partes da pessoa ou animal, causando doenças e (desde que a medicina moderna não vença) a morte. E o problema fica por aí — o paciente morre ou melhora, mas de qualquer forma, o câncer é eliminado. Essa não é uma estratégia de sobrevivência de longo prazo para a linhagem de células tumorais. O caso do demônio da Tasmânia é diferente: as células tumorais se tornaram transmissíveis.

Essa doença, originada em uma única célula, disseminou-se agora por grande parte da população de demônios da Tasmânia. Todos esses tumores, em todos os demônios, são, com efeito, uma única colônia amplamente dispersa.

Toda a vida era originalmente unicelular. Durante a evolução, algumas células se agruparam e formaram "cooperativas". A célula do demônio da Tasmânia, de certa forma, deu a volta completa, retornando à forma unicelular. Uma atitude extremamente antissocial da parte dela. Poderíamos argumentar que todas as células tumorais fazem o mesmo, e que a única diferença real entre esse tumor e qualquer outro é o fato de ter conseguido infectar uma população (muito homogênea), e não apenas um indivíduo. No entanto, quando tiver atingido todos os demônios, ela terá chegado a um beco sem saída.

Tudo isso é verdade. Ainda assim, esta é a primeira vez que ouço falar de um acontecimento como esse.* Diferentemente

---

* Enquanto pesquisava este tema, descobri que, no fim das contas, não se tratou de um episódio tão único e bizarro: um tumor não fatal chamado sarcoma de Sticker, encontrado em cães, parece se comportar de maneira

de todos os outros casos que apresentei a você neste capítulo, este certamente envolve uma célula viva — mas podemos dizer que ela leva uma vida independente? Devemos considerá-la um agente infeccioso? Podemos pensar nela nos mesmos termos em que pensamos em uma bactéria patogênica, apesar de ser uma célula de mamíferos? Ela agora é um organismo?

Você é o juiz.

Sucata genômica

O Projeto Genoma Humano (PGH) foi uma pesquisa global que se dedicou a identificar todos os genes da espécie humana. Estimou-se que, em seu percurso, o PGH identificaria aproximadamente 100 mil genes. No fim das contas, o número descoberto foi muito menor — abaixo de 30 mil. Essa discrepância com relação às nossas expectativas desperta todo tipo de pergunta. O que queremos dizer com a palavra "gene" (como discuti brevemente, lá na introdução)? E o que causou essa estimativa exagerada, para começo de conversa? Em parte, as respostas estão ligadas aos genes microbianos do corpo humano, que são encontrados em dois locais: dentro do genoma humano e dentro dos micróbios que vivem com os humanos, seja em nossa pele, dentro de nosso corpo ou em contato conosco.

---

semelhante. Quem sabe quantas dessas coisas haverá por aí? Como precaução, até que a ciência médica nos traga algumas respostas, decidi não permitir que ninguém morda a minha cara.

O genoma humano contém muitas partes e pedaços. Conhecemos, ou temos uma ideia razoável, da função de aproximadamente 2% dessa estrutura genética — o resto ainda está em investigação. Como o restante não parece executar nenhuma função útil, foi inicialmente chamado de "DNA inútil" (em inglês, *junk DNA*). Esse termo não é muito popular no presente, porque quanto mais os cientistas investigam, mais funções encontram, ou supõem encontrar, para esses trechos de material genômico aparentemente sem utilidade que carregamos em cada célula de nosso corpo.

Alguns desses pedaços provavelmente estão fazendo algo útil, apenas não sabemos ainda o quê. É muito provável que haja ali muitas sequências regulatórias cruciais — alguns pesquisadores descobriram recentemente todo um novo nível de regulação gênica, chamado interferência do RNA, que não conhecíamos antes, e podemos supor que a história não terminará por aí.

Outra fração do genoma consiste em todo tipo de sequência curta e genes defuntos: pedacinhos com os quais geralmente não nos preocupamos, e que podem causar certos transtornos ocasionais, mas que são uma fonte útil de componentes muito necessários.

Ainda assim, uma grande porção do DNA, até onde sabemos atualmente, é parasitária. Mais da metade de nosso genoma é composta por transpósons de vários tipos. De fato, uma enorme extensão de nosso genoma — aproximadamente 10% do total — é formada apenas por centenas de milhares de repetições de uma única sequência curta chamada *Alu*.

Muitos dos transpósons não se preocupam, em termos moleculares, com o bem-estar da espécie humana, dedicando-se apenas à própria reprodução. Se acrescentarmos a isso algum DNA viral não funcional deixado por infecções passadas, vemos que nosso genoma — tantas vezes descrito como o "projeto" de um ser humano — é, em grande medida, uma coleção desses desgraçadinhos egoístas que resolveram pegar uma carona.

Ainda assim, algumas dessas sequências repetitivas parecem ter sua função. Há sequências semelhantes aos transpósons fortemente integradas às redes regulatórias de nosso genoma, e estudos genômicos recentes mostram que há milhares de outras sequências semelhantes aos transpósons praticamente idênticas em muitas espécies. Isso serve como forte indicação de que sua função, ainda desconhecida, pode ser importante. Eles talvez estejam pegando uma carona, mas já exploraram o sistema por bastante tempo, a ponto de se tornarem parte integral dele.

Por toda parte

Menos de 30 mil genes diferentes no genoma humano? Sim. Menos de 30 mil genes diferentes em um corpo humano? Certamente não. Fora do genoma, fora de nossas células, há uma grande variedade genética que mal começamos a explorar. Para cada célula de nosso corpo existem dez células bacterianas na vizinhança, a maior parte habitando nosso intestino. Estima-se que o número de genes microbianos em nosso corpo seja 100 vezes maior que o de genes humanos. Os micróbios infestam cada pedaço de nós que não esteja lacrado contra eles.

Se isso faz com que você tenha vontade de sair correndo para o chuveiro ou se imergir em desinfetante, acalme-se: apenas uma fração muito pequena desses micróbios é nociva, e nosso sistema imune geralmente os mantém sob controle. A higiene é muito recomendável, até certo ponto: todos esses comerciais na TV que dizem "Use X! Livre-se dos germes domésticos!" estão, em grande medida, apenas vendendo o pânico, a menos que você tenha bebês ou pessoas seriamente doentes vivendo em sua casa. Uma boa regra a ser seguida é usar mais bom senso e menos substâncias químicas agressivas.

A maior parte dos micróbios que vivem conosco se encontra em algum ponto do espectro que vai de "levemente incômodos" a "decididamente essenciais". No Capítulo 6, vimos que os ruminantes dependem das bactérias em seu estômago, microrganismos que digerem os alimentos por eles; algo muito semelhante ocorre em nosso sistema digestivo, com um grupo variado de micróbios (em geral bactérias) que degrada vários alimentos para nós e participa de um diálogo complexo com nosso sistema imune, ajudando-o a se desenvolver adequadamente e a impedir a colonização por patógenos nocivos. Essas ações ocorrem, em primeiro lugar, para o benefício próprio do micróbio, naturalmente — é disso que se trata a simbiose: os dois lados se beneficiam mutuamente da relação.

Mas como as bactérias do intestino foram para ali? O feto dentro do útero é estéril, e a transferência inicial de microrganismos ocorre durante ou logo após o parto.* Por fim, passados um ou dois anos da vida do bebê, eles gradualmente formam uma flora intestinal estável e próspera.

---

* Observe que, em uma atitude de extremo bom gosto, evitei usar as palavras "contaminação", "mãe" e "fezes" nessa descrição, para não causar maiores desconfortos.

É interessante observar que os micróbios intestinais foram recentemente ligados à obesidade. Descobriu-se que pessoas obesas e pessoas magras têm composições visivelmente diferentes nas populações bacterianas de seus intestinos, e há alguns indícios de que essa diferença poderia ser uma causa da obesidade, e não um efeito dela. A obesidade, obviamente, resulta de diferentes fatores, e esse tipo de pesquisa ainda tem muito o que avançar, portanto não conte com a microbiologia caso você queira ficar com um corpo de modelo — ainda assim, relembrando Marshall e suas úlceras no capítulo anterior, podemos ao menos dizer que esse tipo de revolução no pensamento médico não seria um caso tão inédito.

Foi sugerido que os micróbios do intestino também poderiam contribuir com outros problemas de saúde, do diabetes aos tumores. Nosso entendimento sobre o papel dos micróbios nessas doenças ainda é incompleto. Também não entendemos ainda que tipo de benefício os micróbios obteriam com a doença, se é que teriam algum. As teorias variam de um mero oportunismo traiçoeiro por parte dos micróbios a um desequilíbrio desencadeado por dietas inadequadas ou pelo uso excessivo de antibióticos — práticas humanas que têm crescido regularmente nas últimas décadas.

Espero que este ponto tenha ficado claro: os micróbios são uma parte fundamental da saúde humana. Uma pessoa sem nenhum germe seria gravemente doente. As interações entre nós e os micróbios que nos habitam são, muito provavelmente, tão complexas quanto as interações entre nossas próprias células, e quanto mais aprendemos sobre o tema, mais difusas se tornam as fronteiras. Os micróbios são uma parte tão necessária ao nosso metabolismo e desenvolvimento quanto nós somos para eles. Todo corpo humano é realmente uma ecologia móvel, com seus nichos, disputas, dinâmicas populacionais e influências ambientais.

No final de 2007, os Institutos Nacionais de Saúde dos EUA anunciaram o início do Projeto Microbioma Humano, um empreendimento em larga escala para sequenciar todo o DNA microbiano associado ao homem. As informações reunidas por esse projeto deverão permitir que comecemos a mapear as relações entre nós e os micróbios que nos habitam. Mal posso esperar para saber o que vão descobrir, mas terei que ser paciente, uma vez que em abril de 2009 o projeto tinha conseguido mapear as sequências genômicas de mais de 700 espécies de microrganismos — mas nenhuma delas chegou ainda a ser completada até agora. Então, esperemos. Tenho a forte sensação de que valerá a pena. Pode chamar de friozinho na barriga.

O micróbio interior

Há uma categoria de DNA encontrada em nosso corpo que não é estritamente humana nem estritamente microbiana. Ela tem sido usada para descrever nossa ascendência humana, mas, na verdade, revela uma história muito mais profunda.

As mitocôndrias são pequenas estruturas encontradas em praticamente todas as células de nosso corpo (e de todos os outros animais). Elas funcionam principalmente como as "usinas de energia" da célula, transformando os alimentos consumidos na energia utilizável de que a célula precisa.

As mitocôndrias contêm DNA (o que já é surpreendente, já que o resto de nosso DNA está concentrado dentro dos núcleos das células, e não espalhado por qualquer outra parte) e, diferentemente do resto de nosso genoma, que é uma mistura dos genomas de nossos dois pais, esse DNA é herdado exclusivamente da mãe. Meu DNA mitocondrial me foi passado pela minha mãe, que o recebeu de sua mãe. Mas eu, como sou homem, não o passarei aos meus filhos. Esse padrão único de herança é muito útil para construirmos linhagens genéticas e estudarmos a diversidade genética humana, pois pode ser rastreado de maneira confiável por muitas gerações.*

O momento no qual os micróbios entram nessa história é bastante distante. Cerca de dois bilhões de anos atrás, um micróbio ancestral foi engolido por outro. Isso geralmente quer dizer que o engolidor comeu o engolido por inteiro, ou que o engolido parasitou o engolidor (como vimos no caso do *Bdellovibrio,* cujo parente ancestral pode ter sido esse micróbio engolido). Nesse caso, porém, gerou-se uma espécie de trégua — provavelmente uma trégua bastante desconfortável no início, se não abertamente hostil. Ao longo das gerações, no entanto, esses dois organismos muito diferentes foram se adaptando mutuamente e até passaram a depender das habilidades um do outro.

Essa situação, conhecida como endossimbiose, deu à nova parceria uma clara vantagem sobre os organismos regulares: eles se tornaram capazes de explorar múltiplos recursos e trabalhar com mais eficiência. Em consequência, cresceram em número. Essa dupla foi a precursora de todas as células

* Um desses estudos fez com que os pesquisadores batizassem a mais recente ancestral matrilinear comum de todos os seres humanos atualmente vivos — eles a chamaram de Eva Mitocondrial. Esse termo irônico gerou muitos desentendimentos criativos na mídia popular.

eucariotas (nucleadas) — o tipo de célula que forma todos os organismos multicelulares. O micróbio "engolido" se degenerou durante as eras que passaram desde aquele tempo, tornando-se a mitocôndria moderna, que é uma bateria integrada às nossas células.

No que diz respeito à mitocôndria, ela certamente se deu bem com a história. Trocou sua liberdade e autonomia por segurança, cooperação e uma chance maior de proliferar. O que mais um micróbio poderia desejar?

Poderia parecer que essa união ancestral foi uma ocorrência bizarra e que deveríamos dar graças por um acontecimento tão afortunado, mas pelos que sabemos, não foi um evento tão raro: foi demonstrado de maneira bastante conclusiva que outras organelas também foram um dia micróbios de existência livre — entre elas, o ultraimportante cloroplasto, o responsável pela fotossíntese em todo o mundo vegetal. Esse processo também foi vislumbrado em tempo real no laboratório, quando uma ameba foi "convencida" a reter uma bactéria infectante e, mais tarde, mostrou-se incapaz de viver sem ela. Recentemente, descobriu-se que uma espécie de alga chamada *Hatena* (que significa "enigmática" em japonês) está no meio de um processo evolutivo endossimbiótico: quando uma célula de *Hatena* contendo uma certa bactéria fotossintética se replica, uma célula filha recebe a bactéria e continua a viver e a fazer fotossíntese, e a outra, sem a bactéria, tem de procurar uma nova bactéria em seu ambiente e a engolir. Com o tempo, o processo provavelmente se estabilizará em uma disposição mais razoável, e a *Hatena* não mais precisará utilizar esse método ridículo, no qual tem de caçar seus próprios órgãos internos enquanto eles tentam escapar.

Outras variações desse tema incluem casos de endossimbiose múltipla (um micróbio dentro de um micróbio dentro de um inseto) e o caso de um molusco marinho que rouba os cloroplastos de algas e os instala em sua pele, criando o único molusco do mundo movido a energia solar. O que mais vão inventar?

Tudo isso é bastante confuso — em todos os níveis, todos parecem ser compostos de pedaços de todo o resto. Felizmente, algumas coisas permanecem fora da jurisdição dos micróbios. Por exemplo, eles jamais poderiam determinar algo como o sexo com que nascemos, não é mesmo? Não é mesmo?

Feministas radicais

Temos muitos motivos para comemorar o fato de não sermos insetos: fomos poupados de uma vida curta, da *amassabilidade*, da dieta pouco atraente, da aparência esquisita, do fator repulsivo em geral e da dificuldade de encontrar sapatos que combinem para tantos pés. Se tudo isso não é suficiente para convencer você de sua sorte incrível por ter nascido mamífero, aqui vai mais uma: *Wolbachia.*

Os *Wolbachia* são toda uma família de bactérias que não estão diretamente ligadas aos seres humanos, mas que constituem um enorme problema de saúde para os insetos. Estima-se que ao menos um de cada cinco bichinhos da Terra esteja infectado por algum tipo de *Wolbachia.** Como existem muitos bichinhos por aí, a infecção por *Wolbachia* provavelmente é a doença mais comum do planeta.

* Incluindo aranhas, vermes e outras criaturas repugnantes.

Até a década de 1970, não estávamos muito interessados nos *Wolbachia*. Curar grilos doentes não é exatamente uma grande prioridade para ninguém. O único motivo para estudá-los seria buscarmos uma maneira de usá-los para nos livrarmos das pragas de insetos na agricultura, ou para satisfazer nossa mera curiosidade.* Mas uma descoberta alterou toda a situação: as diferentes espécies de *Wolbachia* possuem truques para assegurar sua disseminação ao maior número possível de hospedeiros, e todas elas passam por controlar as vidas sexuais dos hospedeiros de modo a favorecer amplamente o nascimento de fêmeas.

Os *Wolbachia* são parasitas obrigatórios, ou seja, não podem viver fora de seus hospedeiros, e só conseguem se disseminar verticalmente — as proles infectadas contraem a infecção de seus pais antes de nascerem. Os *Wolbachia* geralmente preferem ser passados das mães às filhas, porque os óvulos das fêmeas são muito mais hospitaleiros que os minúsculos espermatozoides dos machos. Eis aqui alguns exemplos arrepiantes de como eles engendram esse esquema.

Algumas espécies de *Wolbachia* transformam cada macho infectado em uma fêmea, por um processo chamado feminização. Trata-se essencialmente de uma operação de mudança de sexo realizada manipulando-se os hormônios do inseto. Alguns insetos macho são ainda mais desafortunados: sua infecção por *Wolbachia* simplesmente os mata antes do nascimento — desse modo, suas irmãs (também infectadas, naturalmente) terão uma boa refeição (um McIrmão!) à sua espera quando nasce-

* Ou, é claro, para estarmos prontos para a luta quando os insetos alienígenas nos invadirem, caso esses filmes bobocas de ficção científica calhem de estar certos.

rem, e os *Wolbachia* em seu interior terão maior probabilidade de sobreviver. Alguns *Wolbachia* são menos letais, porém mais meticulosos: se um macho infectado tentar copular com uma fêmea não infectada, nenhum filho será gerado. As uniões bem-sucedidas só são permitidas entre dois parceiros infectados. Por fim, os machos podem ser inteiramente descartados: algumas espécies de *Wolbachia* encorajam as fêmeas infectadas a se reproduzirem sem nenhuma participação dos machos. Isso é chamado partenogênese, ou, em termos menos formais, nascimento virgem.

No futuro, sempre que você tiver algum desses problemas tão comuns entre "meninos e meninas", reflita sobre tudo isto e agradeça por ao menos ter sido poupado desse tipo de confusão.

Bichinhos no cérebro

A loucura. Primeiro era a Lua cheia, depois os demônios. Cem anos atrás, determinou-se que a culpa era dos pais. Depois a culpa passou aos genes ruins. O que virá a seguir?

Para entender o que os micróbios têm a ver com a loucura, podemos começar pelos cães. Um cão raivoso — um infectado pelo vírus da raiva — é uma criatura temível e manifestamente insana. Em certo estágio da doença, ele se torna extremamente irritável e agressivo, tentando morder tudo que vir pela frente. A raiva é transmitida de um cão a outro pela saliva. Quando o vírus chega à corrente sanguínea, infiltra o cérebro e ali se acomoda, multiplicando-se rapidamente antes de passar aos nervos e às glândulas salivares.

No Capítulo 3, vimos que os micróbios infecciosos conseguem manipular o organismo do hospedeiro de modo a promover sua própria disseminação (tosse, espirros, diarreia...). O vírus da raiva é um parasita que estabeleceu um método de manipulação do hospedeiro particularmente insidioso — controle cerebral. O comportamento agressivo instigado pelo vírus da raiva o ajuda a passar a outros hospedeiros: cães raivosos (e outros caninos e mamíferos) mordem outros cães, espalhando, assim, a doença, que é transmitida da saliva do mordedor ao corpo do mordido. Felizmente, os seres humanos estão entre os hospedeiros que não transmitem raiva uns aos outros, mas o fato de que um hospedeiro humano seja um beco sem saída para o vírus infectante não ajuda em nada as pessoas infectadas — elas morrerão caso não tenham sido previamente vacinadas, ou se não forem rapidamente tratadas.

No mundo animal são conhecidos muitos outros exemplos de parasitas que manipulam o comportamento de seus hospedeiros: há platelmintos que invadem os cérebros de formigas e as fazem subir para a grama alta, onde são comidas por vacas e ovelhas em vez de voltarem ao formigueiro; o protozoário *Toxoplasma gondii* faz com que os ratos percam o medo do cheiro de gato; e um parasita interno faz com que pequenos insetos saltem para a água, onde são comidos por aves aquáticas. Ainda não sabemos exatamente como esses mecanismos funcionam ou como se desenvolveram. Os efeitos do parasita no cérebro do hospedeiro podem se dar por influência direta, pela reação imune do hospedeiro ou por ambos. Provavelmente surgiram como um efeito colateral acidental da infecção e se tornaram mais pronunciados com o passar do tempo.*

---

* Em nenhum outro caso a influência do parasita é tão evidente quanto no da vespa-joia (*Ampulex compressa*), que pousa em uma barata e injeta um

Em princípio, não existe muita diferença entre um parasita que explore o sistema nervoso de seu hospedeiro (inclusive o cérebro) e outros parasitas que façam essencialmente o mesmo com o sistema respiratório, imune ou digestivo. Todas essas ações se enquadram no que Richard Dawkins chamou de fenótipo estendido. Resumidamente, os efeitos de um gene não se restringem ao corpo no qual esse gene reside: uma represa construída por um castor é o resultado da influência dos genes do castor no ambiente, um cupinzeiro é o resultado da ação dos genes de cupim e um cão enfurecido é o resultado da ação de genes virais. Não há uma verdadeira diferença entre esses casos, a não ser pelo fato de que o ambiente calha de ser outro organismo.

O aspecto mais perturbador em tudo isso, imagino, é o fato de que nosso cérebro é o que faz com que nós sejamos *nós*. Eu não tenho problemas em admitir que meu nariz está escorrendo por causa de um vírus, mas seria muito difícil aceitar que aquilo que sinto, digo, faço e penso também pode ser afetado por algo do gênero. Eu sou eu! Estou no controle da minha mente! Não tem mais ninguém aqui dentro!

Ainda assim, as evidências que temos indicam o contrário. Já se sabe há muito que algumas pessoas com sífilis podem sofrer uma grave deterioração mental, e o mesmo ocorre com pessoas com a doença de Lyme, a doença de Chagas e outras

---

coquetel de substâncias químicas diretamente em uma parte específica do cérebro do animal. Esse golpe cirúrgico faz com que a barata perca toda inclinação de ir a qualquer parte — em vez disso, ela se mostra satisfeita em permitir que a vespa a guie calmamente, pelas antenas, até um lugar seguro. O que ocorre a seguir é bastante nojento, até mesmo para os padrões de uma barata.

condições infecciosas (já vimos o que os príons podem fazer com um cérebro). Em todas essas situações, a demência é causada pela destruição generalizada das células cerebrais pelo agente infeccioso, mas estudos recentes têm encontrado conexões mais sutis. O transtorno obsessivo-compulsivo (TOC) e a síndrome de Tourette foram ligados estatisticamente a infecções estreptocócicas prévias; o *Toxoplasma gondii* (*T. gondii*), as bactérias *Chlamydia* e o *cytomegalovirus* foram ligados à esquizofrenia, e outras enfermidades, como o autismo e a doença de Alzheimer, também estão sendo investigadas.

Os efeitos dos micróbios podem nem mesmo se confinar a doenças evidentes: certos estudos ligaram infecções por *T. gondii* à inteligência mais baixa e também ao comportamento das pessoas que buscam fortes emoções. Como cerca de 40% de todos os seres humanos estão infectados por esse parasita, trata-se de um sinal preocupante. Que proporção da nossa personalidade e comportamento supostamente independente é afetada por infecções das quais sequer estamos cientes?

Ninguém está sugerindo que todas ou mesmo a maioria das doenças mentais ou traços de personalidade são causados diretamente por infecções microbianas. As causas das doenças mentais são variadas e incluem a predisposição genética, fatores ligados ao desenvolvimento e à criação pelos pais, além de muitos outros parâmetros. A pergunta sobre como os agentes infecciosos se encaixam nesse quadro complexo é muito boa, e provavelmente não será inteiramente respondida no futuro próximo.

Embora o tema seja um tanto assustador — e dê um significado inteiramente novo ao termo "personalidade contagiante" —, desvendar o papel dos micróbios nas doenças mentais pode ser algo muito positivo: além da observação trivial de que saber a causa de uma doença é um grande passo em direção a seu tratamento, o fato é que muitas infecções são tratáveis e, até certo ponto, reversíveis (algo que ainda não podemos dizer sobre os genes ou os pais). A pesquisa sobre essas questões deverá envolver especialistas em diversas áreas — psicologia, imunologia, epidemiologia, microbiologia e neurobiologia. Há uma tensão natural, é claro, entre essas diversas disciplinas, e cada uma delas luta para excluir as demais. Mas os cientistas de cada área podem, se quiserem, cooperar e contribuir com os pontos de vista dos demais. Espero que o façam. Quaisquer micróbios que estejam à espreita no meu cérebro provavelmente não ficarão tão entusiasmados quanto eu, mas eu ainda assim estou em vantagem.

Você é que pensa.

O quê?

Deixe pra lá. Esqueça o que dissemos.

Eu, às vezes, que maravilha, me pego pensando...

FAIXA BÔNUS Nº 8: Gerações

Eu simplesmente adoro a biblioteca de meu bairro. Ela tem uma área de estudos com uma adorável vista para o verde, o que é ótimo para contemplação e meditação, um bebedouro com água gelada, internet sem fio grátis (essencial para minhas duas principais atividades, pesquisa e enrolação). Sim, minha biblioteca tem tudo. Não fosse pela estridente música italiana a gritar no térreo, gerada por um duo de sanfona e violão, que toca no prédio como parte do programa da "semana multicultural" do bairro, este seria também o lugar perfeito para escrever.

Uma interpretação particularmente vigorosa de *Papaveri e papere* me empurrou até o balcão da atendente para perguntar onde haveria um lugar onde eu poderia me sentar em relativo silêncio. A bibliotecária, então, me encaminhou para o "centro de pesquisas genealógicas", uma sala bastante silenciosa com alguns poucos computadores e muitos livros com um monte de nomes e linhagens. E, mais importante, o lugar possuía uma porta que se fechava. A funcionária prometeu que cedo ou tarde alguém (ou até outra pessoa) provavelmente desceria para me destrancar, e se foi. Paz, enfim!

Os registros de gerações passadas são particularmente adequados para servir de entorno para nossa última história. Ela começou em 1988, quando o biólogo Richard Lenski separou uma única e nada excepcional bactéria *E.coli*, colocou-a em um frasco com nutrientes e as mandou ir em frente e se multiplicar. Ele separou suas descendências em 12 populações e começou a cultivá-las em condições absolutamente iguais às da primeira geração. E não parou desde aquele momento. Todo dia, por mais de 20 anos, os micróbios têm sido transferidos para novos recipientes com nutrientes frescos, e a cada 75 dias (500 gerações, na escala temporal dos micróbios) amostras são congeladas para futuros estudos. Essas amostras podem ser descongeladas e analisadas a qualquer momento, em qualquer ponto do processo, o que é muito legal, uma vez que o que temos em mãos ali é um verdadeiro "registro fóssil vivo" — um registro que pode nos mostrar exatamente o que ocorreu e quando isso ocorreu a quem — é como uma função "retrocesso" do CD ou DVD. Se quisermos, podemos dar ver um "replay" de qualquer parte que desejemos, apenas deixando, digamos, a geração 12.500 fora do freezer, permitindo-lhe crescer e vendo se ela se desenvolve da mesma maneira uma segunda vez. Isso também permite comparações entre gerações, colocando em uma rinha a "geração 25.000" contra a "geração 1.500", em uma disputa pelo controle de um mesmo frasco — possibilidade que seria apreciada por fãs de esporte que gostam de comparar seleções campeãs de uma Copa com a de outra ou de pensar como Mohamed Ali em seu auge teria sido capaz de encarar Mike Tyson.

Esse experimento é um tanto incomum. Como regra, quando um cientista estabelece as condições de um teste, haverá algo específico que se deseja medir, um resultado esperado que se deseja verificar, uma condição que se deseja colocar à prova. São perguntas como "Qual é o efeito da temperatura no desenvolvimento dos ovos de *velocissapo*?" ou "A substância *Corremuito* pode matar células pancreáticas cancerosas sob tais ou tais condições?", e por aí vai. Este experimento, entretanto, é de final aberto — "Eis algumas condições iniciais. Então, fiquemos fazendo algo por um tempo e vejamos o que acontece." Não foram muitas as experiências desse tipo levadas a cabo, provavelmente porque poucos cientistas têm a paciência (ou o tempo, ou o financiamento) para ficar por ali por um período indefinido, esperando que alguma coisa interessante apareça. Pois neste caso, algo interessante de fato apareceu, embora tenha tomado lá seu tempinho para se mostrar: para a surpresa de ninguém,* todas as populações começaram a mudar, desenvolver-se. Algumas dessas transformações mostraram-se bastante uniformes em todas as populações, e eram claramente adaptações às condições às quais estavam submetidos (embora mudanças similares frequentemente tomassem diferentes vias em diferentes cepas — um fenômeno conhecido como "evolução convergente"). Algumas mudanças apareceram em alguns indivíduos de uma população, mas não em outros, o que demonstrou, como se esperava, que a sorte e o acaso também desempenham um papel na evolução. Até aí, tudo bem.

---

* Ninguém exceto os criacionistas, claro. Mas até aí, os criacionistas não gostavam desse experimento de um jeito ou de outro — já, já você verá por quê — e têm fugido do assunto como o diabo foge da cruz.

A coisa começou a ficar intrigante ali pela geração 33.127. Neste ponto, é preciso explicar alguns detalhes: a única fonte utilizável de carbono dada ao *E.coli* na experiência era glicose. Mas os recipientes também continham citrato (o sal do ácido de sabor azedo que dá aos limões seu gosto travado), que não é metabolizado pelo *E.coli*. Entretanto, eis que, de repente, um dos frascos apresentou uma nebulosidade, que sugeria que as moléculas de citrato haviam sido quebradas. Contaminação do exterior? Não. Uma cepa da bactéria tinha de alguma maneira adquirido a capacidade de metabolizar citrato.

É difícil lhe explicar o grau de choque causado por esse resultado. A digestão de citrato não é um habilidade simples para um micróbio. Posso parcamente comparar a situação à de um humano que desenvolvesse a capacidade de digerir grama. Após 33 mil gerações de estável mascar de glicose, uma célula microbiana, subitamente dotada dessa capacidade especial, virou-se e exclamou: "Ei, esse outro treco é comida também!" E, ajudado por sua nutrição melhorada, começou a se reproduzir de maneira endiabradamente mais acelerada que todo o resto dos *E. coli* na vizinhança, tornando-se muito rapidamente o tipo dominante no frasco em que foi colocado. Evolução básica, conforme o livro. Para observar o que havia a mais, como mencionei antes, Lenski e seus colegas podiam voltar aos "registros fósseis" congelados e procurar exatamente o tipo de mutação ocorrido, quando e em que ordem. Eles também podiam "rodar novamente" os eventos para verificar se ocorreriam de novo. Poderiam fazer todo tipo de coisa. E não precisavam cavar em busca de fósseis ou reconstituir ossadas ou fazer datações com carbono-14. Só precisavam reviver os "ancestrais" e os analisar. Isso é ótimo. Ah, se a genealogia humana fosse flexível assim! Em vez de estar sentado em uma sala cheia de livros de registro, eu poderia estar em um depósito cheio de caixões, e sempre que alguém quisesse saber o que realmente aconteceu com seu tatara-tataravô em 1875, ou entender por que ele é o único ruivo de sua família, precisaria apenas destrancar um caixão e... hmm, talvez não seja uma ideia tão boa assim, afinal. Vamos nos ater a linhagens de micróbios, pelo menos até que eu saia desta sala.

Vale a pena mencionar também que quando fazemos testes para verificar a presença de *E.coli* em amostras de água ou comida ou seja lá do que for, um dos ensaios de rotina é o de metabolismo de citrato: se metaboliza citrato, não é *E.coli*. Pois agora vem essa bactéria, que é indiscutivelmente *E.coli*, e, além disso, metaboliza citrato. Ou redefinimos nossas categorias ou teremos que dizer que se trata de um novo tipo de micróbio. E se for esse o caso, então teremos testemunhado o primeiro caso de formação replicável e em tempo real de uma nova espécie.

Os termos "espécie" e "micróbio" não são muito facilmente conciliáveis. Como já disse, o que constitui exatamente uma espécie diferente de micróbios é uma questão em aberto, que depende mais de nossa definição de "espécie" do que dos próprios microrganismos. O que está bastante claro é que uma nova *função*, uma nova capacidade, brotou de... bem, essencialmente de lugar nenhum. *Isso*, meus amigos, é evolução.

Outros experimentos seguindo o mesmo filão têm mostrado micróbios desenvolvendo toda sorte de característica, desde várias (e por vezes inesperadas) adaptações ao ambiente até competição cruel por nutrientes, passando por diferenciação, cooperação e mesmo o surgimento de miniecossistemas. Novos mundos têm sido criados dentro de recipientes, e estamos esperando pelas novas gerações à medida que elas se dão a nossos olhos.

E, falando em gerações, acho que vou voltar para casa para ver meu filho.

Epílogo

P: Então...

R: Obrigado por ter lido até aqui. Fico feliz de que tenha reservado algum tempo para isso.

P: Você terminou?

R: Sim, mas com muita dificuldade. Há tantas outras coisas que eu queria espremer aqui. Alguns dos meus micróbios preferidos acabaram ficando de fora na sala de edição, por um motivo ou por outro. Talvez um dia eu faça uma "versão do diretor" com bactérias magnéticas, a revolução de Carl Woese e um comercial de âmbar-gris. Além disso, tenho a sensação de que os fungos foram terrivelmente malrepresentados aqui, o que é uma vergonha pútrida, bolorenta. Criaturinhas maravilhosas. Quem sabe na próxima vez.

P: Você é um grande fanático por micróbios, hein?

R: Nem tanto, não.

P: Hã?

R: Bom, a microbiologia é apenas uma das maneiras de entendermos o que ocorre ao nosso redor. Temos muitos outros lugares por onde começar essa jornada. Gosto de micróbios porque oferecem um caminho bastante simples e básico por onde seguir. Mas se você estiver curioso sobre a vida e o universo, pode começar de praticamente qualquer parte.

P: E onde deveríamos terminar?

R: Isso cada um vai descobrir por conta própria. Pessoalmente, eu não gosto de terminar em parte alguma. Você talvez tenha notado que uma quantidade irritantemente grande de seções deste livro termina com perguntas não respondidas, disputas e pontos de vista conflitantes. Isso é assim porque as coisas mais interessantes sempre ocorrem nas margens, onde os temas ainda não estão muito bem resolvidos. A ciência é uma jornada, não um destino. Qualquer pessoa que apresente a ciência como um corpo de fatos fundamentalmente fidedigno e organizado provavelmente estará tentando lhe vender alguma coisa.

P: Então você está dizendo que a ciência é apenas um dentre muitos caminhos possíveis para buscarmos a verdade?

R: Não, eu acho que a ciência é especial. Não é perfeita, não é a única, mas é especial. O método científico traz em sua estrutura básica os conceitos de mudança e objetividade. Eles ajudam a equilibrar nossa tendência, muito humana, em enxergar o mundo como desejamos que ele seja. A ciência também parece ser muito útil para manter os aviões no céu, as pessoas saudáveis — esse tipo de coisa.

P: E ainda assim, o livro está cheio de exemplos nos quais os cientistas estavam errados.

R: Estar errado faz parte do trabalho. Os cientistas investigam os territórios inexplorados do conhecimento e da experiência, portanto cometer erros é algo bastante comum. Além disso, são tão humanos quanto todo mundo: eles jogam com política, são cabeças-duras, ficam defensivos, ambiciosos e territorialistas — e às vezes, são simplesmente tolos. O que torna a ciência diferente é o fato de que, mais cedo ou mais tarde, será possível encontrar e corrigir os erros. Os desacordos acabam por ser resolvidos, e não mantidos *ad infinitum*. Essa é a intenção, ao menos.

P: E por que há tão poucas menções aos cientistas que de fato fizeram o trabalho?

R: Há milhares de pessoas, no passado e no presente, cujos esforços criaram as histórias deste livro, e tenho uma grande dívida com eles. No entanto, fiz a escolha consciente de omitir muitos nomes e datas para não desviar o foco da história que eu queria contar.

P: Não é assim que se costuma fazer.

R: Provavelmente foi uma decisão errada.

P: As informações neste livro têm 100% de chance de estarem corretas e atualizadas?

R: No momento em que você terminar de lê-lo, certamente não. Um ou outro detalhe já mudou desde a última vez que fui checar. As coisas avançam tão rápido na biologia que é quase impossível nos mantermos a par de tudo, especialmente para alguém preguiçoso como eu. Posso lhe assegurar que me esforcei heroicamente para que somente os fatos e teorias mais frescos e da maior qualidade fossem usados na produção deste livro.

P: Você parece ser uma pessoa de mente muito suja, falando sem parar de sexo, doenças, morte e excrementos.

R: Sim, é verdade.

P: Última pergunta: este livro tem algum objetivo?

R: Bom, ao longo do texto, parece haver alguma espécie de mensagem sobre o nosso lugar na natureza. Qual é exatamente esse nosso lugar, não tenho certeza. Eu mesmo ainda estou tentando descobrir. Mas, entre as coisas que eu queria mostrar, as mais importantes são a fluidez e a variedade da vida — o modo como ela sempre consegue nos surpreender. A ciência (tal qual o golfe, ou qualquer outra coisa) só é maçante se você não entender o que está acontecendo, por isso tentei explicar as coisas o melhor que pude. Para mim, a realidade é deliciosamente absurda e divertida — por que não explorá-la?

Glossário

aeróbio estrito: organismo que requer o oxigênio atmosférico (O_2) para sobreviver.

alelo: forma alternativa de um gene; uma das diferentes formas de um gene que podem existir em um mesmo lócus (um lugar em um cromossomo).

aminoácidos: grandes moléculas orgânicas que constituem os blocos de construção básicos das proteínas. Há 20 aminoácidos comuns que se unem em várias ordens para formar as proteínas nos animais. A ordem dos aminoácidos é determinada pela sequência genética do animal.

anaeróbio facultativo: microrganismo que é capaz de crescer tanto na presença quanto na ausência de oxigênio atmosférico (O_2).

anamox: oxidação anaeróbia do amônio; um processo biológico pelo qual os íons amônio (NH_4^+) e nitrito (NO_2^-) são convertidos diretamente em nitrogênio gasoso (N_2).

antibiótico: substância química que mata ou suprime o crescimento de microrganismos.

antioxidante: substância que inibe a oxidação e é capaz de contrabalançar os efeitos nocivos da oxidação nos tecidos corporais.

arqueia: forma de vida microscópica, unicelular e procariótica que constitui um dos três domínios da árvore da vida. Os outros dois domínios são as bactérias e os eucariotos.

atenuação: redução na virulência de um vírus, seja por um processo natural ou artificialmente, com o objetivo de criar uma vacina.

bactérias: organismos unicelulares microscópicos; todos os procariotos que não pertencem ao domínio arqueia.

bacteriófago: vírus que infecta bactérias.

bactérias bacterívoras: bactérias predatórias que se alimentam de outros tipos de bactéria.

bactérias desnitrificantes: bactérias capazes de reduzir o nitrito (NO_2^-) a nitrogênio gasoso (N_2) em condições anaeróbias.

bactérias hipertermófilas: organismos que conseguem viver em temperaturas muito altas. A temperatura ideal para o crescimento de um organismo hipertermófilo é acima de 80°C.

biologia molecular: ramo das ciências biológicas dedicado ao estudo da estrutura e da função das moléculas biológicas, com atenção particular ao DNA, RNA e proteínas.

biorremediação: uso de microrganismos ou plantas para remover ou desintoxicar substâncias químicas tóxicas ou indesejadas de um ambiente.

carreador assintomático: pessoa ou animal que está com uma doença infecciosa mas que não apresenta sintomas discerníveis. Apesar de não serem afetados pela doença (ou transtorno), os carreadores podem transmiti-la a outros.

célula: a unidade fundamental da vida; a unidade mais simples capaz de existir, crescer e se reproduzir de maneira independente.

célula epitelial: célula que recobre uma superfície do corpo, como a pele ou o revestimento interno do sistema digestivo.

celulose: principal carboidrato das plantas vivas. A celulose forma o esqueleto da parede celular das plantas.

ciclo lisogênico: integração do ácido nucleico de um bacteriófago no genoma da bactéria hospedeira. O material genético integrado poderá então ser passado à prole da bactéria hospedeira até que condições favoráveis provoquem sua liberação e o início do ciclo lítico.

ciclo lítico: principal estratégia de infecção de um vírus. Consiste na penetração da célula hospedeira pelo vírus e no controle da maquinaria celular de modo a produzir componentes virais (que são então montados para gerar a forma viral ativa), seguido pela lise (rompimento) da célula hospedeira, quando então os vírus emergem para infectar outras células.

código genético: sequência de nucleotídeos de uma molécula de DNA (ou, em certos vírus, de uma molécula de RNA) que contém informações para a síntese de proteínas. É usado pelas células para traduzir informações genéticas de modo a formar uma sequência proteica: três nucleotídeos sucessivos de um gene formam um códon, e cada códon determina um único aminoácido.

conjugação: processo sexual microbiano pelo qual dois organismos unicelulares trocam uma porção de seu DNA por meio de uma ponte formada entre as células.

criptobiose: situação na qual as atividades metabólicas de um organismo se põem em um estado de latência reversível.

cromossomo: pacote de DNA enroscado no núcleo de uma célula, contendo seu material genético. Os procariotos habitualmente apresentam um único cromossomo circular, enquanto os eucariotos possuem muitos cromossomos (23 pares em humanos), cada um contendo uma molécula linear de DNA.

DNA: ácido desoxirribonucleico; o material genético de todas as células vivas e alguns vírus.

DNA não codificante: trechos de uma sequência de DNA que não codificam genes conhecidos.

elasticotaxia: capacidade de um organismo de sentir e responder a forças elásticas na superfície em que está apoiado.

endossimbiose: situação em que um organismo vive dentro do corpo ou das células de outro organismo. Acredita-se que as organelas de células eucariotas, como as mitocôndrias e os cloroplastos, tenham se originado como bactérias de existência livre que foram incorporadas às primeiras células eucariotas.

enzima: molécula proteica que atua como catalisador, mediando e acelerando uma reação química específica.

epidemiologia: estudo da incidência, prevalência, distribuição e controle de uma doença em populações.

esporo: termo geral para as resistentes estruturas de repouso dos micróbios. Nos fungos, o esporo é o corpo reprodutivo básico; nos procariotos, é uma forma latente que as células desenvolvem para se protegerem durantes períodos prolongados em condições adversas.

eucarioto: organismo ou célula que tem seu DNA em um núcleo claramente definido e geralmente também contém outras organelas. *Comparar com* procarioto.

evolução: mudança na constituição genética de uma população de organismos ao longo do tempo.

FDA: Food and Drug Administration; organização dos EUA que regula o desenvolvimento, a aprovação, a produção, a venda e o uso de alimentos e remédios nos Estados Unidos.

fímbria: apêndice filamentoso que se estende a partir da superfície da célula bacteriana. Usado na conjugação bacteriana.

fixação de nitrogênio: conversão, realizada por certos microrganismos do solo, de nitrogênio gasoso (N_2) em compostos que as plantas e outros organismos são capazes de assimilar.

flagelo: uma longa cauda, semelhante a um chicote, que brota da superfície de uma célula e a propele, atuando como aparelho locomotor.

fotossíntese: uso da energia da luz para impulsionar a incorporação de dióxido de carbono (CO_2) em material celular.

fototaxia: movimento de um organismo ou célula em resposta à luz.

fungos: reino de organismos eucariotos (um grupo independente, de nível semelhante ao das plantas e animais). Os fungos não realizam fotossíntese e são mais relacionados aos animais que às plantas. Entre os fungos encontram-se os bolores, as leveduras e os cogumelos.

gene: unidade de hereditariedade; um segmento de material genético (tipicamente DNA) que especifica a estrutura de uma proteína ou molécula de RNA.

genoma: toda a informação genética codificada no DNA de um organismo vivo.

hormônio: substância química secretada em uma parte do organismo e transportada para outra parte desse mesmo organismo, na qual produz um efeito específico.

inflamação: resposta protetora do corpo contra uma lesão ou infecção.

interferência do RNA: mecanismo recentemente descoberto que consiste na regulação da expressão gênica guiada pelo RNA. Pequenas moléculas de RNA (conhecidas em inglês como *small interference RNA*, ou RNAsi) podem silenciar a expressão gênica de sequências específicas.

magnetotaxia: capacidade de um organismo ou célula de sentir um campo magnético e coordenar seu movimento em resposta a ele.

membrana celular: membrana que separa a célula de seu ambiente externo e regula o fluxo de materiais para dentro e fora dela. É composta principalmente de lipídios, com proteínas incrustadas que contribuem com importantes funções regulatórias.

metabolismo: soma de todas as alterações físicas e químicas que ocorrem em um organismo, e todas as transformações energéticas que ocorrem dentro de uma célula viva.

metanogênese: produção de gás metano como subproduto metabólico.

metanogênicos: arqueias que realizam a metanogênese.

micróbio: um microrganismo; qualquer organismo pequeno demais para ser visto a olho nu.

micróbio aerotolerante: micróbio anaeróbio não inibido pela presença do oxigênio atmosférico (O_2).

micróbio anaeróbio: microrganismo que cresce na ausência de oxigênio atmosférico (O_2).

micróbio fermentativo: microrganismo que realiza a fermentação, o processo de produção de energia em uma célula em um ambiente anaeróbio (sem a presença de oxigênio).

mitocôndrias: compartimentos celulares envoltos por membranas que constituem a principal fonte de energia de uma célula eucariota.

molécula: dois ou mais átomos unidos por ligações químicas.

mutação: alteração hereditária na sequência de bases do genoma de um organismo.

National Institutes of Health (NIH): a principal agência de pesquisa biomédica do governo federal dos EUA.

partenogênese: forma de reprodução na qual o óvulo se desenvolve até formar um novo indivíduo sem ser fertilizado por um espermatozoide.

plasmídeo: molécula circular de DNA que não faz parte do cromossomo e que se replica independentemente dele.

príon: partícula infecciosa que não contém DNA nem RNA, consistindo apenas em uma proteína hidrofóbica; acredita-se que seja a menor partícula infecciosa.

procarioto: organismo que não possui um núcleo nem outros compartimentos cercados por membranas. As bactérias e arqueias são procariotos. *Comparar com* eucarioto.

promotor: local de uma sequência de DNA no qual a RNA polimerase se liga e inicia a transcrição.

proteína: molécula composta por aminoácidos ligados em uma ordem específica. As proteínas executam uma grande variedade de funções: atuam como enzimas, componentes estruturais ou moléculas de sinalização.

proteínas estruturais: proteínas localizadas no interior da membrana celular ou em contato com ela e que interagem com o ambiente externo da célula.

proteínas receptoras: moléculas proteicas que permitem que uma célula reconheça uma substância química específica.

proteína de transporte: proteína que transporta uma molécula dentro de uma célula ou em um líquido biológico.

protistas: organismos eucariotos unicelulares.

quimiotaxia: movimento de uma célula ou organismo em direção a uma substância química.

radicais livres: moléculas altamente reativas, de vida curta, que possuem um ou mais elétrons não pareados. Sua alta reatividade pode lesar as células vivas.

recalcitrante: substância difícil de degradar em condições naturais; substância resistente a um ataque microbiano.

revertente: mutante que reverteu a seu genótipo anterior ou ao fenótipo original.

ribossomo: estrutura celular em que o RNA mensageiro (RNAm) é traduzido em uma proteína.

RNA: ácido ribonucleico; molécula estruturalmente semelhante ao DNA que desempenha funções importantes na síntese de proteínas e outras atividades químicas da célula. O RNA é o material genético de alguns vírus.

RNA mensageiro (RNAm): molécula de RNA, transcrita a partir do DNA, que contém as informações genéticas necessárias para codificar uma proteína específica.

RNA polimerase: enzima que produz uma cópia de RNA a partir de um molde de DNA ou RNA. Em todas as células, a RNA polimerase é necessária para construir cadeias de RNA a partir de genes de DNA (um processo chamado transcrição).

sequência genética: a ordem precisa das bases em um ácido nucleico.

substrato: molécula que reage com uma enzima; qualquer substância sobre a qual atue uma enzima.

tradução: processo pelo qual o código genético carregado pelo RNAm direciona a produção de proteínas a partir de aminoácidos. Ocorre no ribossomo.

transcrição: processo pelo qual o DNA é usado como molde pela enzima RNA polimerase para a síntese de uma molécula de RNA; constitui a primeira etapa na produção de proteínas.

transdução: transferência de material genético entre bactérias por um bacteriófago.

Transferência Horizontal de Genes (THG): processo pelo qual um organismo transfere material genético para outra célula que não seja sua filha.

Transferência Vertical de Genes (TVG): transferência de material genético para um organismo por meio da herança ancestral.

transformação: transferência de material genético por meio de DNA livre; absorção e incorporação de DNA exógeno em uma célula.

transpóson: um elemento do DNA que tem a capacidade de se mover para diferentes posições dentro do genoma de uma célula, em um processo chamado transposição. Frequentemente transporta genes não relacionados à transposição.

variação antigênica: processo pelo qual um organismo infeccioso altera suas proteínas de superfície para escapar de uma resposta imune do hospedeiro.

vírus: agente infeccioso microscópico (muitos dos quais são patogênicos) que se replica somente dentro das células de hospedeiros vivos; consiste em um pedaço de ácido nucleico (DNA ou RNA) revestido por um envoltório proteico.

Leituras recomendadas

Muitas dezenas de artigos de revisão e pesquisa, livros, revistas, sites na internet e outras fontes serviram como material para este livro. Tomei a decisão de salvar uma ou duas árvores, evitando listá-los todos. Em vez disso, vou fornecer uma pequena seleção de bons lugares onde encontrar leituras sobre os temas que discuti ao longo do livro:

Livros

Angiers, Natalie. *The Canon: A Whirligig Tour of the Beautiful Basics of Science*. Melbourne (Austrália), Scribe, 2007.
Livro de ciência para o público geral muito instrutivo e perfeitamente claro.

Bryson, Bill. *Breve história de quase tudo*. São Paulo, Companhia das Letras, 2005.
Livro de ciência para o público geral que precisa do meu endosso tanto quanto Eric Clapton precisa das minhas dicas sobre como tocar guitarra.

Madigan, Michael T., John M. Martinko, Paul V. Dunlap e David P. Clark. *Microbiologia de Brock*. São Paulo, Pearson, 2004.
O livro-texto definitivo de microbiologia. É abrangente e de fácil leitura, constituindo um recurso muito valioso para qualquer entusiasta dos micróbios. Fui criado sentado no colo da nona edição.

Watson, James D., Tania A. Baker, Stephen P. Bell, Alexander Gann, Michael Levine e Richard Losick. *Biologia molecular do gene*. Porto Alegre, Artmed, 2006.
Uma loja de conveniência para todas as suas necessidades ligadas aos genes.

Crawford, Dorothy H. *Deadly Companions*. Nova York, Oxford University Press, 2007.
Um bom livro que conta a história de más epidemias.

Dawkins, Richard. *O relojoeiro cego: a teoria da evolução contra o desígnio divino*. São Paulo, Companhia das Letras, 2001.

________. *O gene egoísta*. São Paulo, Companhia das Letras, 2007.

________. *The Extended Phenotype*. Oxford, Oxford University Press, 1982.

Duas introduções poderosas e reveladoras ao pensamento evolutivo. O último é um trabalho mais técnico de Dawkins.

Dembski, William e Michael Ruse (orgs.). *Debating Design: From Darwin to DNA*. Cambridge (EUA), Cambridge University Press, 2004.

Um registro irritantemente equilibrado do debate sobre o design inteligente, com contribuições de importantes defensores de ambos os lados.

Dixon, Bernard. *Power Unseen: How Microbes Rule the World*. Oxford, Oxford University Press, 1994.

Um bom lugar para encontrar mais alguns micróbios.

Drexler, Madeline. *Secret Agents: The Menace of Emerging Infections*. Washington, Joseph Henry Press, 2002.

Mais sobre pandemias, para as pessoas que caem no sono com muita facilidade.

Margulis, Lynn e Dorion Sagan. *Microcosmos: quatro bilhões de anos de evolução microbiana*. São Paulo, Cultrix/Pensamento, 2009.

________. *O que é vida*. Rio de Janeiro, Jorge Zahar, 2002.

Margulis, Lynn. *Dazzle Gradually: Reflections on the nature of Nature*. White River (EUA), Chelsea Green, 2007.

Margulis, que formulou a moderna teoria endossimbiótica, é um bom contraponto a Dawkins na teoria evolutiva.

Ridley, Matt. *Genoma: autobiografia de uma espécie em 23 capítulos*. Rio de Janeiro, Record, 2001.

Uma grande excursão pelo genoma humano.

Sterelny, Kim e Paul E. Griffiths. *Sex and Death: an Introduction to Philosophy of Biology*. Chicago, University of Chicago Press, 1999.

Uma boa fonte a ser pesquisada caso você sinta que minhas ponderações e digressões mais abstratas deixaram algo a desejar.

Waller, John. *Fabulous Science: Fact and Fiction in the History of Scientific Discovery*. Oxford, Oxford University Press, 2002.

Revê diversos eventos e carreiras científicas com resultados muito revigorantes e iconoclastas.

Zimmer, Carl. *Parasite Rex: Inside the Bizarre World of Nature's Most Dangerous Creatures*. Nova York, Free Press, 2001.
Um relato encantador sobre todas as coisas parasitárias.

Jornais e revistas

Cosmos.
A revista australiana de ciência popular.

Nature.
A mais importante revista científica, voltada principalmente ao público com formação em ciência.

Nature Reviews Microbiology.
Minha fonte profissional preferida de informações microbiológicas.

New Scientist.
Revista britânica de divulgação científica. Um ótimo lugar onde encontrar notícias e artigos científicos.

Science.
Outra proeminente revista científica.

Scientific American.
A congênere americana da *New Scientist*'s.

Blogs e sites

The Loom, de Carl Zimmer: http://scienceblogs.com/loom/
Você não pode deixar de conhecer este blog.

Evolving Thoughts, de John Wilkins: http://science-blogs.com/evolvingthoughts/
Outro blog encantador relacionado à evolução.

Microbeworld: http://www.microbeworld.org/
Site com fotos, podcasts e links.

Small Things Considered, de Moselio Schaechter: http://schaechter.asmblog.org/
Uma fonte maravilhosa de informações, discussões e links sobre micróbios. Gostaria de ter descoberto esse blog um pouco antes — teria me poupado um enorme trabalho de pesquisa.

Tardrigrades: http://www.tardigrades.com/
Um site despretensioso que constitui o melhor lugar para se verificar como os ursos d'água são fofinhos.

Finalmente, caso você queira saber mais sobre qualquer tema mencionado aqui, convido-o muito cordialmente a me escrever em idan.smallwonders@gmail.com. A gente se vê por lá.

Agradecimentos

Meu primeiro e mais importante voto de agradecimento vai para as centenas de cientistas, presentes e passados, cujas descobertas serviram como material para este livro. No laboratório, na clínica, no mar, no escritório, no alto de vulcões e no fundo de minas, os pesquisadores detonam.

Este livro deve sua existência ao Centro de Escrita para Acadêmicos e Pesquisadores da Universidade de Melbourne e a seu diretor Simon Clews, que me deram enorme auxílio, apoio, estímulo e instrução — e jamais tiveram nenhuma objeção ao meu método de marcar discussões, que consistia em aparecer sem avisar no centro de escrita e bater papo com quem estivesse ali. Simon foi muito providencial ao me apresentar à minha esplêndida agente literária, Clare Forster, que cuidou do livro desde seu princípio desconexo, guiando seu confuso autor pelos meandros do mercado editorial com bom humor, paciência inesgotável e profissionalismo impecável.

Devo muito à professora Christina Cheers, da Universidade de Melbourne, por examinar a primeira versão do manuscrito, oferecendo comentários valiosíssimos e evitando que eu fizesse papel de bobo. Michael Brand também contribuiu com muitos comentários esclarecedores. A linguagem mais áspera na versão inicial do texto foi alegremente eliminada por Eleanor Heft. Julian Frost achou que o livro era uma boa ideia antes mesmo de eu achar, e contribuiu de muitas maneiras para sua efetivação. Obrigado a Miki e Eitan Shapiro pelas conversas estimulantes e a Trish O'Connor por seu bom humor e sugestões úteis.

Por último, mas não menos importante, agradeço à minha editora da Scribe, Nicola Shafer, que passou seus últimos dias de tranquilidade antes de entrar para a pós-graduação assegurando-se de que minhas frases acabassem por chegar ao ponto final em algum momento, de que termos como "mutagênese dirigida" fossem traduzidos ao idioma humano e de que o livro não degenerasse para uma digressão tortuosa, tornando-se um monstro de muitas cabeças.

Apesar dos esforços fenomenais de todas as pessoas citadas acima, o livro certamente contém alguns erros, pelos quais assumo inteira responsabilidade.

Meu antigo supervisor na Universidade de Jerusalém, o professor David Yogev, com seu entusiasmo e ânimo pela microbiologia, também foi para mim uma fonte de inspiração.

Sinto-me agradecido — com uma leve sensação de culpa — ao professor Glenn Browning e ao dr. Phil Markham, da Universidade de Melbourne, que foram verdadeiros santos ao me oferecerem tanta paciência e amabilidade, com parcos retornos. Da mesma forma, os professores Paul Griffiths e Ofer Gal, da Universidade de Sydney, foram sumamente compreensivos durante o tempo em que me dediquei a escrever este livro em vez de trabalhar na minha tese de doutorado.

Por fim, agradeço à minha família, que me apoiou exorbitantemente, e à minha esposa Tamar, para quem as palavras me escapam.

ESTA OBRA FOI COMPOSTA POR LETRA E IMAGEM EM MARAT PRO
E IMPRESSA EM PROCESSO SOB DEMANDA PELA UM LIVRO SOBRE
PAPEL OFFWHITE PARA A EDITORA SCHWARCZ A PARTIR DE 2025